ゼロから

OneNote &
Google Keep &
Apple 標準メモ

デジタルメモ
基本&便利技

田中拓也 著

技術評論社

✐ CONTENTS

第 4 章

OneNote を活用しよう

⊘ CONTENTS

第5章
Google Keep を使ってみよう

第6章
パソコン版 Google Keep を利用しよう

第 7 章

Google Keep を活用しよう

CONTENTS

本書の使い方

本書では「OneNote」「Google Keep」「Apple標準メモ」の3つのアプリの使い方を紹介しています。1章ではそもそもデジタルのアプリとはどういったものか、また、それぞれのアプリの特徴を解説しています。アプリの操作は2～4章でOneNoteを、5～7章でGoogle Keepを、8～9章でApple標準メモを解説しています。
さらに各アプリでは、iPhone ／ Android ／ Windows 10で解説を行っており、それぞれ次のように分けています。

アプリ	デバイス	章
OneNote	iPhone	2章&4章
	Android	2章&4章
	Windows 10	3章&4章
Google Keep	iPhone	5章&7章
	Android	5章&7章
	Windows 10	6章※&7章
Apple標準メモ	iPhone	8章&9章
	Windows 10	8章&9章

また、操作の違いはMemoなどで補足しているほか、下図のようにアイコンを設けて、どのデバイスを対象にしているかわかるようにアクティブに示しています。

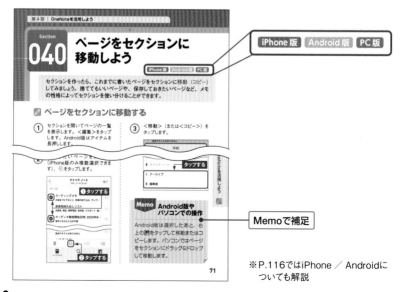

Memoで補足

※ P.116ではiPhone ／ Androidについても解説

8

第 **1** 章

メモを取って "できる" ビジネスパーソンになる

Section

001 デジタルメモとは

iPhone版 Android版 PC版

スマートフォンやデスクトップパソコンに標準で付属しているメモアプリを使いこなせているでしょうか。メモアプリは、単にテキストを書くだけのアプリではありません。仕事や日常生活のあらゆるシーンで役立つ心強い存在です。

✐ デジタルでメモを取る利点

● どこでも書けるので仕事がはかどる

デジタルでメモを取る利点の1つは、常に手元にあるスマートフォンを使えるところにあります。移動中や混んでいる電車の中のように、紙とペンを取り出すのが難しい状況でも、スマートフォンなら画面をタッチ、または音声入力でメモを取ることが可能です。

● 自由に検索できて物忘れがなくなる

「あのとき書いたメモはどこだっけ?」と手帳やノートを探し回るのは面倒です。デジタルで記録したメモなら、キーワードを入力して検索ができます。また添付ファイルの有無やチェックボックスの有無などを指定して絞り込めるアプリもあり、必要なメモをさっと取り出せます。

●家でも会社でもどこでも 読み書きできる

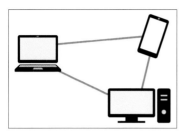

本書で紹介するメモアプリは、すべて複数の端末に対応しています。どの端末からでも同じメモにアクセスできるので、外ではスマートフォン、家ではデスクトップやノートパソコンという具合に、どこからでもメモの続きを書いたり、読み返したりできます。内容を編集してもすぐに反映されて、いつでも最新のメモにアクセス可能です。

●さまざまなメディアを 添付可能

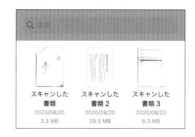

デジタルメモの内容は基本的にテキストデータですが、写真やビデオ、音声などを添付できるアプリもあります。さまざまなメディアを1つのメモに混在させることで、必要なリソースの一元化が可能です。URLやファイルをタップして、ブラウザや編集アプリを呼び出すことができ、関連のある内容をまとめて管理できます。

●オンライン保存でスマホを 買い替えても大丈夫

メモアプリはメモをインターネット上のクラウドストレージに保存します。そのためスマートフォンやパソコンを買い替えても、アカウントにサインインすればすぐに自分のメモにアクセスできます。クラウドに保存するデータは手動でバックアップする必要がなく、万が一機器が破損したときでもメモを失うことがありません。

●鍵をかけてしっかりガード

紙に書いたメモは誰かに見られてしまう危険がありますが、デジタルメモではメモに鍵をかけて見せたくない人の目からガードすることができます。パスワード入力や生体認証をしない限りメモの内容を表示できないため、個人情報などの大事な情報も安心です。人に見られたくない記録などを残すのにも最適です。

Section 002
どんなメモが 作成できる?

iPhone 版　Android 版　PC 版

メモアプリを使って作成できるメモはさまざまです。文字を書くだけでなく、写真や図、音声などを含めることができます。本書でも、さまざまなメモの作り方を解説しますが、その一例を紹介します。

✐ メモアプリで作成できるメモ

● テキストメモ

←　　　　　　　　　📌　🔔　⬆

リマインダーの活用

メールやSNSで送信したい内容を下書きとしてメモし、リマインダーを設定すれば、好きなタイミングや好きな場所からメール送信やSNSへの投稿がしやすくなる

デジタルメモの基本はテキストです。アイデアや思い付き、伝言や忘れたくないことなど、何でも記録できます。頭の中を整理したり、あとで読み返したり、使い方や目的はユーザー次第です。デジタルメモでは、箇条書きや番号付きの箇条書きなども設定できるため、読みやすいメモが簡単に作れます。

● ToDo ／チェックリスト

やること

◯ 借りた本を読み終える
　　✓ 本の貸し出し予約
◯ 健康診断
◯ 資料作る
　　◯ 写真の手配

仕事を円滑に進めるためのチェックリストや、買い物リストなど、簡潔なリストはビジネスにもプライベートにも役立ちます。デジタルメモでは、チェックボックス付きのリストを作成し、完了したタスクを非表示にしたり、リストの一番下に移動したりすることで、今するべきことを把握できます。

●写真メモ

スマートフォンのカメラで撮影した写真もメモになります。タイトルやテキストを添えられるので、必要な情報を不足なく記録できます。メモアプリのスキャン機能を利用することで、書類やホワイトボード、名刺などを撮影し、画像からテキストを取り出して編集することもできます。

●手書きメモ

紙にペンで書くように、画面に指やタッチペンを使ってメモを入力する機能が手書きメモです。ペンの太さや色を変えて自由な線や図形を書くことができます。また写真やPDFなどの添付ファイルに対して、ペンで注釈を付けられるメモアプリもあります。手軽に修正できるのはデジタルならではです。

●音声メモ

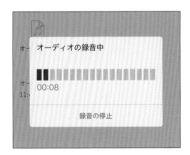

メモアプリでは、ボイスレコーダーのように音声を録音する機能があります。とっさの思い付きを録音したり、会議や打ち合わせの内容を録音しておいて、あとで聞き返しながらメモを書いたりできます。またGoogle Keepのように、話した内容をテキストに変換できるアプリもあります。

●Webクリップ

ブラウザで表示している記事を切り取ってメモを作成することをWebクリップと呼びます。特にデスクトップでは、ブラウザの拡張機能が利用でき、ボタンをクリックするだけで、記事をクリップできます。情報を1つにまとめて集めるのに便利な機能です。

Section

003

OneNote for Windows 10の特徴

iPhone版 Android版 PC版

本書で解説するOneNote for Windows 10（以下、OneNote）は、Windows 10に標準のメモアプリです。モバイル版のOneNoteをインストールすることで、iPhoneやAndroidスマートフォンとメモを同期できます。

📝 OneNoteの特徴

● 何でも保存できるメモアプリ

写真や動画、音声、Webページなど、さまざまなメディアを保存できます。さらにテキストや表、画像などを好きな位置に配置して、自由なメモを作れるのが特徴です。

● ノートブックやセクションで整理

ノートブック ＋

🕐 最近使ったノート

📓 マイ ノートブック

📓 趣味のノート

📓 プライベート

　　その他のノートブック

仕事用とプライベート用など目的別にメモを分けるためのノートブックを作成できます。各ノートブックには、フォルダに相当するセクションも作れます。

●ノートシールでメモにマーク

メモにアイコン付きのタグ（ノートシール）を付けて管理できます。自由に分類可能なカスタムタグを作ることや、タグを指定して必要なノートをまとめて検索することが可能です。

●付箋機能を搭載

ノートブックに作るページとは別に付箋機能を搭載しています。Windows 10の付箋アプリと同期しし、作ったメモをデスクトップに直接貼り付けることができます。

Memo　OneNoteの注意点

多機能なOneNoteですが、Windows 10に標準で付属しているOneNoteには、メモに日時を指定して通知する機能がありません。通知機能を利用するには、Microsoft Officeに付属している「OneNote」と「Outlook」が必要です。Office版のOneNoteと、本書で扱っているOneNote for Windows 10は、見た目や操作方法が細部で大きく変わっている点に注意してください。Office版のOneNoteは、クラウドではなくローカルのストレージにメモを保存できるという違いもあります。

Office版のOneNote

15

Section

004 Google Keepの特徴

iPhone版 Android版 PC版

> Google Keep（以下、Keep）は、Googleが提供しているメモアプリです。Android端末に標準でインストールされており、Googleの各サービスとも親和性があります。見やすくて使いやすいメモアプリの代表的存在です。

第1章 メモを取って "できる" ビジネスパーソンになる

Keepの特徴

●見やすいギャラリー表示

メモの長さに合わせてタイルの大きさが自動的に変化します。どのメモも内容をしっかり見られる大きさに調整され、とても見やすいです。各メモの背景色を変えられるのもユニークです。

●場所や日時で リマインダーを設定

メモに直接リマインダーを設定できます。日時や、自宅、会社などの場所を指定して、好きなタイミングや場所で通知を受け取れます。物忘れを防ぎたい人におすすめの機能です。

●音声入力でメモを作成

Googleアシスタントに話しかけてメモを作成することや、音声を記録してそこからテキストを抽出することができます。テキストで残せるため検索も容易です。

●アーカイブでメモをすばやく整理

> Google Keep ではマイクに向かって喋った内容を録音しテキストにしてくれます思いついたことをその場で録音できるのがメリットです間があくと自動で録音が終了します録音が終了した後でもマイクのアイコンをタップして録音の内容に追加をすることができます
>
> ▶
>
> メモをアーカイブしました　　　　　　元に戻す

メモの整理方法が独特です。Gmailと同じアーカイブ機能を持ち、不要になったメモを一瞬で非表示にできます。削除されるわけではないので、あとから検索して簡単に取り出せます。

●Googleの各サービスと連携しやすい

Web版のGmailやカレンダー、ドキュメントなどのサービスを使っているときに、直接メモを参照したり、メールや文書のリンクを埋め込んだメモを作ったりできます。

Memo **Keepの注意点**

Keepでメモを書くときは、基本的にプレーンテキストのみ使えます。太字や斜体などの修飾効果を適用することや、フォントサイズの拡大縮小、表の挿入などができません。また添付できるファイルが画像に限られているため、何でも記録したい人には不向きです。ただKeepは、Googleのサービスからリンクを埋め込むことが可能です。各サービスと連携することで、画像しか添付できないKeepの弱点をある程度補えます。

17

Section
005 Apple標準メモの特徴

iPhone版 Android版 PC版

Apple標準メモ（以下、メモ）はiPhoneやiPadに付属しているメモアプリです。チェックリストを作成したり、書類をスキャンしたりと多機能です。iCloudを利用して、さまざまなデバイスでメモの同期が可能です。

📝 Apple標準メモの特徴

●書式を指定

メモを作成する際は、書式設定や表のボタンをタップすることで、見出しや箇条書き、表などを設定できます。またインデントを設定し、メモを読みやすく整形できます。

●音声でメモを作成

音声アシスタントであるSiriに話しかけてメモを作成できます。最後に「とメモして」と言うだけで、話した内容がメモに保存されます。iPhoneに手を触れずメモを残せるのが便利です。

●写真やファイルを添付する

写真やビデオを添付できるほか、書類をスキャンしてメモに追加できます。また共有機能を利用することで、URLや地図、PDFファイルなどさまざまなファイルを添付できます。

● 図形が描ける手書き機能

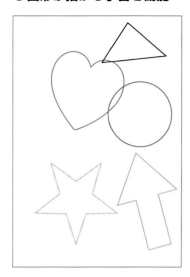

画面に直接書ける手書き機能を備えています。iOS 14以降では、手で描いた線や図形をきれいに引き直してくれるようになり、フリーハンドでも正確な図形を描くことができます。

● リマインダーと連携

メモ自体にリマインダー機能はありませんが、標準のリマインダーアプリと連携することで、指定した日時に通知を受け取れます。期日のあるメモの存在を忘れてしまうことを防げます。

Memo メモの注意点

iPhone専用のメモアプリのため、Androidでは利用できません。またWindowsから利用するときは、ブラウザでiCloudにアクセスしてメモアプリを呼び出します。macOSにインストールされているメモアプリと違い、iCloud版のメモはインターネットへの接続が必要になり、オフラインで利用できません。また機能面でもiCloud版には利用できない機能があります。

とはいえ、モバイルのメモと同期できるので、iPhoneで書いたメモを読んだり編集したりする分にはまったく問題ありません。

macOS版のメモ

Section 006 メモアプリの選び方

iPhone版 Android版 PC版

本書では3つのメモアプリを紹介しています。ここでは各メモアプリの機能を比較してみました。それぞれできること・できないことがあるので、使うアプリを迷ったときの参考にしてください。

メモアプリの機能比較表

	OneNote	Keep	メモ
画像添付	○	○	○
PDFおよびファイルの添付	○	×	○
文字の修飾	○	×	○
メモのロック	×	×	○
フォルダのロック	○	×	×
リマインダー	×	○	△※
ピンで固定する	×	○	○
テンプレート機能	○	×	×
タグ付け	○	○	×
フォルダ／書類のスキャン	○	×	○
OCR機能	○	○	×

※リマインダーアプリとの連携で実現

どのアプリを使う?

どのアプリを使うかは、難しい問題ではありません。すぐに使いたいか、じっくりと機能を理解してから使いたいかの二択になります。OneNoteは非常に多機能です。機能性を重視してじっくり使いたい方はOneNoteを選択してください。

とにかく使ってみたい	Androidユーザー	➡ Keep
	iPhoneユーザー	➡ メモ
じっくりと使ってみたい	Android ／ iPhoneユーザー	➡ OneNote

第**2**章

OneNoteを
使ってみよう

Section 007

OneNoteを使う準備をしよう

iPhone版 Android版 PC版

iPhoneならApp Store、AndroidならGoogle Playを開いてOneNoteアプリをインストールします。Windowsで使っているアカウントを入力してサインインすれば、OneNoteを利用する準備が完了します。

📝 OneNoteをインストールする

ここではiPhoneでのインストール方法を解説します。Androidのインストールは右下のMemoを参照してください。

(1) ホーム画面にある<App Store>をタップして、起動します。

タップする

(2) 画面下部にある<検索>をタップします。

タップする

(3) 検索ボックスに「OneNote」と入力します。

「OneNote」と入力する

(4) <search>をタップしてアプリを検索します。

タップする

(5) OneNoteが検索できたら<入手>をタップします。表示される画面の指示に従って、アプリをインストールします。

タップする

Memo Android版のOneNoteについて

Android版は、<Google Play>からインストールします。検索ボックスが画面上部にあるので、タップして「OneNote」を検索してください。<インストール>をタップしてアプリをインストールします。

✍ OneNoteにサインインする

① インストールしたOneNoteアプリ
を起動します。＜サインイン＞を
タップします。

整理しまし **タップする**

無料で新規登録

サインイン ◀

Memo サインインが
不要な場合もある

すでに別のアプリなどでMicros
oft アカウントを利用している場
合は、サインインが不要な場合
もあります。

---

② Microsoft アカウントにサインイン
します。メールアドレスや電話番
号などを入力して、＜次へ＞をタッ
プします。

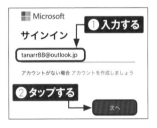

■ Microsoft
①入力する

サインイン

tanarr88@outlook.jp

アカウントがない場合 アカウントを作成しましょう

②タップする

次へ

---

③ パスワードを入力し、＜サインイ
ン＞をタップします。

tanarr88@outlook.jp
①入力する

パスワードの入力

●●●●●●●●●●●● ◀

パスワードを忘れた場合

②タップする ▶ サインイン

---

④ プライバシー保護の案内や診断
データの送信の許諾、エクスペリ
エンスの強化などについての案内
が表示されるので、＜OK＞や
＜承諾＞／＜拒否＞など、画面
の指示に従って必要な操作を行
います。

エクスペリエンスの強化

Word, Excel **タップする** , Visio,
Office モバイル m からダウン
ロード可能なテンプレート 選択したユーザーとファ

OK

---

⑤ OneNoteを利用する準備が整い
ました。

Ⓣ   🔔 編集

ノートブック   ＋

🕐 最近使ったノート

■ マイ ノートブック ◀

その他のノートブック

OneNoteが開く

Memo Microsoft アカウン
トを持っていない場合

OneNoteを利用するにはMicro
soft アカウントが必要です。Wi
ndowsを利用している場合は、
Windowsと同じアカウントでサ
インインします。Microsoft ア
カウントを持っていない場合は、
手順①で＜無料で新規登録＞を
選んでアカウントを作成してくだ
さい。

23

Section
008

ページ（メモ）を作成しよう

iPhone版 Android版 PC版

OneNoteではメモのことをページと呼びます。ページは、ノートブックのセクションに作ります。初期状態でマイ ノートブックというノートブックとクイックノートというセクションがあります。

📝 新しいページを作成する

1 <マイ ノートブック>をタップします。

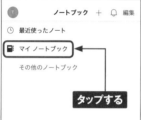

Memo ノートブックの名前

サインインした状態で、「○○○さんのノートブック」と表示されることもあります。

2 <クイック ノート>をタップします。

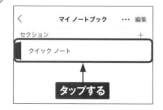

3 ➕をタップします。

4 新しいページが作成されます。

第2章 OneNoteを使ってみよう

📝 ページ（エディタ画面）の見方

●iPhone版

●Android版

❶	手書きツール
❷	オプション
❸	タイトル
❹	メモの作成日時
❺	本文
❻	各種ツール

📝 ページ（メモ）を作成する／閉じる

1 タイトルを入力し、改行します。

❶入力する　❷改行する

2 本文を入力します。

入力する

3 く（Androidは←）をタップして、メモを閉じます。

タップする

4 ページを作ったセクション（ここでは「クイック ノート」）の一覧画面に戻ります。作成したメモを確認できます。

メモが作成された

Section

009

メモを見返そう／編集しよう

iPhone版 Android版 PC版

作成したページ（メモ）はいつでも見返して、編集し直すことができます。メモの中には何度も推敲を繰り返したいものもあります。新しいアイデアを思い付いたら、どんどん追加して、情報をアップデートしていきましょう。

メモを表示する

（1）ページの一覧から見返したいメモをタップします。

（2）メモが開きました。画面をタップすると編集できます。

（3）編集し終わったら、＜（Androidは←）をタップしてメモを閉じます。

（4）ページの一覧画面に戻ります。

010 チェックリストを作ろう

iPhone版 Android版 PC版

iPhone版のOneNoteには、リスト表示と呼ばれる表示モードがあり、チェックリストを簡単に作ることができます。チェックリストは、日常生活でも買い物リストや持ち物リストを作りたいときに使えます。

チェックリストを作成する

Android版のOneNoteにはリスト表示モードがありません。P.58の方法でチェックボックスを挿入してください。

(1) セクション（ここでは「クイックノート」）を開いて、☑をタップします。

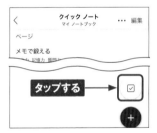

(2) 無題のリストが作成されます。アイテムを入力して<改行>をタップします。

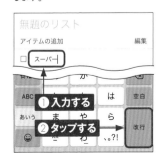

(3) リストを作成したらタイトルを入力し、くをタップします。

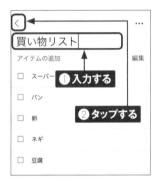

(4) リストが追加されました。

📝 チェックリストを階層で管理する

① 作成したリストを開いて＜編集＞をタップします。

② 子階層にしたいアイテムをタップして○を✓にしたら、→≡をタップします。

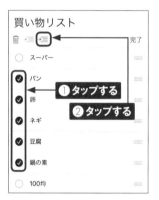

③ インデントが設定されます。＜完了＞をタップして編集を終了します。

④ 項目を追加したい場合は、リストをタップし、＜改行＞をタップして入力します。

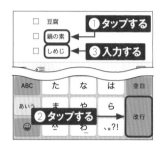

⑤ 階層構造のリストに項目が追加されました。

Memo 順番を並べ替える

編集状態で、アイテムの右端にある ≡ を上下にドラッグすると、アイテムの順番を入れ替えることができます。

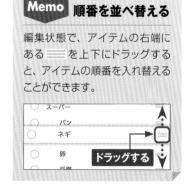

第2章
OneNoteを使ってみよう

Section

011 チェックリストを 使ってみよう

iPhone版 Android版 PC版

チェックリストでは、達成したタスクにチェックを入れて完了にできます。リスト表示なら完了したリストを非表示にできるので、残りのタスクに集中して取り組めます。またメモの一覧で、未完了タスクの有無をひと目で確認できます。

チェックリストを完了させる

(1) リストを開いて、完了したタスクのチェックボックスをタップします。

(2) リストからアイテムが非表示になります。<完了した1件を表示>をタップします。

(3) 完了したアイテムが表示されます。チェックをタップしてオフにするとリストに再表示できます。

Memo 未完了の タスクを調べる

未完了のタスクがあると、一覧に表示されます。すべてのタスクを完了すると、「すべて完了しました。」と表示されます。

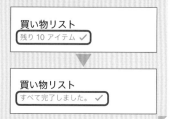

29

Section

012 音声でメモを録音しよう

iPhone版 Android版 PC版

テキストではなく、音声を録音してボイスメモを残すことができます。入力の手間を省いて録音で残したり、会議や打ち合わせの内容をテキストでまとめたいときなどに使います。

📝 音声を録音する

1 「クイック ノート」を開いて、➕を
タップします。

2 🎤をタップします。

3 この画面が表示されたら<OK>
（Androidは<許可>）をタップします（初回のみ必要です）。

4 マイクに音声を吹き込みます。録音を終了するときは、<録音の停止>（Androidは<停止>）をタップします。

(5) 音声がページに保存されました。テキストを追記することもできます。

音声が保存される

(6) タイトルを入力します。〈（Androidは←）をタップしてメモを閉じます。

①入力する
②タップする

音声を再生する

(1) 音声ファイルをタップして、▶をタップします。Androidはファイルをタップします。

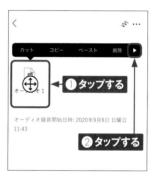
①タップする
②タップする

(2) ＜再生＞をタップします（Androidは右のMemo参照）。

タップする

(3) 音声が再生されます。再生を終了するには＜閉じる＞（Androidは＜停止＞）をタップします。

タップする

Memo Android版の場合

Android版のOneNoteでは、ファイルをタップして＜開く＞をタップすることで、再生を開始できます。

Section

013

写真メモを作ろう

iPhone版 Android版 PC版

OneNoteのページにはメモと一緒に写真を貼り付けることができます。手書きメモやプリント、ホワイトボードなどを撮影して取り込んでおいてもよいでしょう。スキャン機能を使うときれいに撮影できます。

✍️ 写真を撮影して貼り付ける

① 新しいページを開いて、📷をタップします。

② ライブラリから読み込むか撮影するかを選びます。ここでは<画像撮影>をタップします。Androidでは手順④の画面が表示されます。

③ この画面が表示されたら<OK>をタップします。

④ <写真><ドキュメント><ホワイトボード>の3つの撮影モード（Androidでは<名刺>を含めた4つのモード）から1つ選んで、シャッターをタップします。

⑤ <完了>をタップします。

タップする

新規追加　　　　　　　　　完了 >

⑥ 写真が追加されました。

写真が追加された

2020/09/22　10:05

史跡　　　　　　本　丸　跡
小田原城跡　　　　The site of inner citade

✍ 写真をライブラリから読み込む

① 前ページの手順①を参考に 📷 を タップしたあと、<ライブラリから> をタップします。Androidでは、 🖼 をタップします。

ライブラリから

画像撮影
タップする

② 写真をタップして選択し<完了> をタップします。Androidでは、 写真を選択後、✅→<完了>を タップします。

< 写真　　　最近の項目　　　完了

❶ タップする　　❷ タップする

第2章　OneNoteを使ってみよう

Memo 写真が選択できない場合

iPhoneで選択したい写真が表示 されないときは、<設定>→ <OneNote>→<写真>で<すべての写真>をタップします。

Memo ドキュメントやホワイトボードを取り込む

写真を撮影したあとでも、手順⑤の画面で右上にある アイコンをタップすると、写真の種類を指定できます。 <ドキュメント>を選ぶと、背景部分がトリミングされる ので、書類や名刺などを取り込むのに便利です。また <ホワイトボード>を選ぶと、トリミングに加え文字部 分のコントラストが改善されて、読みやすくなります。

🗑 ✂ ↰ ◐

🖼 写真

📄 ドキュメント

🗂 ホワイトボード

Section

014

手書きメモを作ろう

iPhone版 Android版 PC版

スマートフォンの画面を直接タッチして手書きでメモを入力してみましょう。モバイル版ではペンと蛍光ペンの2種類のペンを利用できます。消しゴムや範囲選択ツールで編集も簡単です。

手書きメモを作成する

1 メモを作成し、画面右上にある 〰 をタップします。

2 この画面が表示されたら<完了>をタップします。

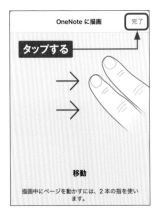

3 画面に直接書きます。書き終わったら<完了>をタップします。

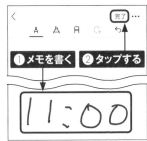

Memo ペンツールについて

ペンツールには消しゴムや範囲選択ツールも用意されています。またAndroid版ではペンをタップして色や線の太さを変更できます。

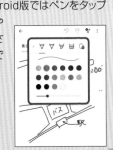

第 **3** 章

パソコン版OneNote を利用しよう

パソコン版OneNoteを起動しよう

iPhone版 Android版 PC版

Windows 10には、OneNote for Windows 10が標準でインストールされています。スタートメニューから、OneNoteを起動してみましょう。なお、本章ではMicrosoft アカウントでログインしていることを前提に解説しています。

OneNoteを起動する

スマートフォンで作成したメモは、パソコンのOneNoteから開いたり編集したりできます。

① Windows 10を起動して、スタートボタンをクリックし、スタートメニューを表示したら、<OneNote for Windows 10>をクリックします。はじめて起動して、ガイドのページなどが表示されたら、画面の指示に従って操作してください。

①クリックする　②クリックする

② OneNoteが起動しました。

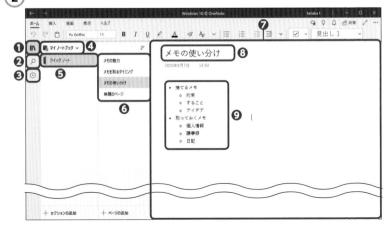

❶ ナビゲーションの表示／非表示を切り替え		セクションやページの一覧の表示と非表示を切り替える
❷ 検索		キーワードやノートシールからメモを検索する
❸ 最近使ったノートを表示		最近作成したノートや編集したノートを表示する
❹ ノートブック		1冊のノートに相当する。OneNoteでは複数のノートブックを作って、切り替えることができる
❺ セクション		ページをテーマなどに分けて整理できる。フォルダ感覚でページを整理できる
❻ ページ		実際にメモを書く。ページにはテキストや画像、ハイパーリンクなどを含めることができる
❼ メモ		一覧で選択したメモが表示される。OneNoteでは「ページ」と呼ぶ
❽ メモのタイトル		メモに付けるタイトル。一覧に表示される
❾ メモの本文		メモの内容

Memo OneNoteのファイルはどこに保存される?

OneNoteのノートブックファイルはOneDriveに保存されます。OneDriveにアクセスし、「ドキュメント」フォルダを開くとノートブックが表示されます。ここでノートブックの名前を変更することも可能です。

Memo ナビゲーションの表示／非表示を切り替える

ナビゲーションの表示／非表示をクリックすると、セクションやページの一覧を非表示にできます。画面が狭いときにメモを書くのに集中できます。

クリックする

Section

016 ページを追加しよう

iPhone版 Android版 PC版

メモを作成するにはページを作りますが、新規のページは開いているセクションの中に追加されます。新しいセクションを作成して、そこにページを作ることも可能です。ページを作ったら、タイトル（任意）と本文を入力します。

📝 新規ページを追加する

① ページを追加するセクションを開いて＜ページの追加＞をクリックします。

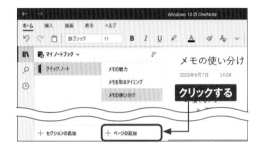

② 選択しているページのすぐ下に新しいページが追加されます。前ページの解説を参考に、タイトルや内容を入力します。入力後のメモの保存操作などは必要ありません。

Memo セクションを追加する

初期状態では「クイック ノート」というセクションがあるだけですが、＜セクションの追加＞をクリックすると、新しいセクションをいつでも作ることができます。

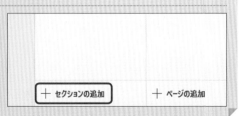

Section

017

ToDoを管理しよう

iPhone版 Android版 PC版

パソコン版のOneNoteではノートシールと呼ばれるラベリング機能があります。やりたいことや、しなければならないことがあるときは、タスクのノートシールを適用しておけば、簡単にToDoを管理できます。

🖉 チェックボックスを付ける

(1) ページを開き、チェックボックスを付けたい項目をクリックして、ノートシールの ☑ <タスク>をクリックします。Ctrl + 1 キーを押しても挿入できます。

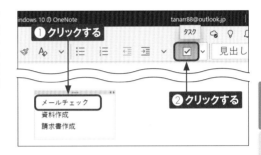

① クリックする

② クリックする

(2) チェックボックスが追加されました。チェックボックスをクリックするたびに、チェック付き/チェックなしのチェックボックスに切り替わります。

チェックボックスが追加される

第3章 パソコン版 OneNoteを利用しよう

Memo ノートシールとは

ノートシールは、ページに追加できるラベルのようなものです。「タスク」以外にも「重要」「質問」などが用意されており、ページ内の好きなところへ挿入できます。ノートシールを付けておくと、検索時にフィルターとしても機能するので、重要なメモを管理するのに役立ちます。

018 音声を録音しながらメモを取ろう

iPhone版 Android版 PC版

パソコン版のOneNoteでは録音しながらメモを書くことができます。録音した音声を再生するとき、録音時に書いたメモを見ることができるため、講義や議事録などを文章に起こしたりするのに役立ちます。

🖊 音声を録音する

(1) 新しいページを開いて、<挿入>タブをクリックして、<オーディオ>をクリックします。

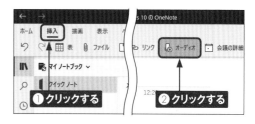

(2) この画面が表示されたら、<はい>をクリックします。

(3) 音声の録音が開始されます。録音の間もメモを自由に書き込んでいくことができます。録音を停止するには<停止>をクリックします。

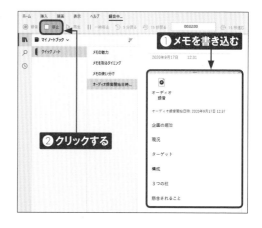

🖉 音声を再生する

(1) 録音されたファイルをクリックし、▷をクリックします。

ここをクリックしても再生できる

① クリックする　　**② クリックする**

(2) 音声が再生されます。再生箇所と連動して、音声が録音されたときに書き込んだメモがハイライトされます。

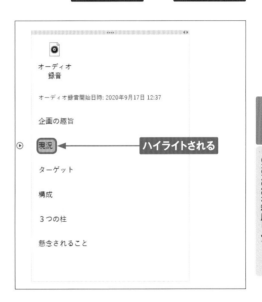

ハイライトされる

Memo 任意の場所から再生する

メモにカーソルを合わせると、左端に再生ボタンが表示されます。これをクリックすると、そのメモを書いたときに録音していた部分から再生できます。

41

Section

019 写真メモを作ろう

iPhone版 Android版 PC版

> パソコン版のOneNoteなら、写真を貼り付けるのも簡単です。ファイルをドラッグ&ドロップすれば、好きなところへ挿入できます。ちょっとした情報なら、画像を貼り付けておくほうが手軽です。

✎ 写真を貼り付ける

(1) 貼り付けたい写真をページにドラッグ&ドロップします。

ドラッグ&ドロップする

(2) 写真を貼り付けることができました。

写真が貼り付けられた

Memo 写真を複数貼り付けたいときは

写真を複数貼り付けたいときは、「挿入」タブにある<画像>→<ファイルから>を利用します。複数のファイルを直接ドラッグ&ドロップすると、添付ファイル形式での挿入か、OneDriveにアップロードしてリンクのみの挿入か、いずれかを選択することができます。

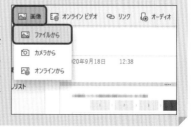

Section

020

手書きメモを作ろう

iPhone版 Android版 PC版

タッチパネルのノートパソコンを使っているなら、パソコン版のOneNoteでも手書きメモを作成できます。タッチパネルではないパソコンでもマウスを使って手書きのメモを作成できます。

🖊 手書きする

1 <描画>タブをクリックして、<マウスまたはタッチで描画>をクリックします。

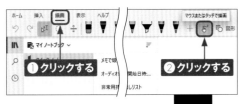

2 ペンツールを選択し、ページ内にメモを入力します。間違えたときは、<消しゴム>や<元に戻す>(取り消し)を利用します。

Memo ペンの色や太さを変更するには

ペンには、単色と蛍光ペン、レインボーなどがあります。ペンを選択して、選択したペンのアイコンの右下にある矢印 ∨ をクリックするとペンの太さや色を変えることができます。また ＋ をタップして、新しいペンを追加することもできます。

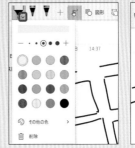

Section

021

フローチャートを挿入しよう

iPhone版 Android版 PC版

ボックスや矢印などの図形機能を利用して、チャート図を作ってみましょう。自分の思考をイメージ化することで、文字を入力するメモとはまた違った活用ができます。

📝 図形を挿入する

① <描画>タブをクリックして、<図形>をクリックし、挿入したい図形を選択します。

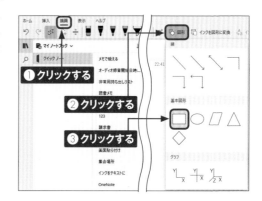

② 画面をドラッグして図形を挿入します。

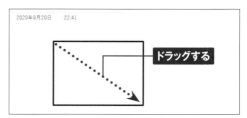

③ 図形が挿入されました。好きなところへテキストを追加できます。

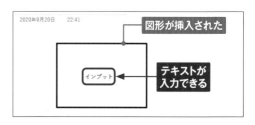

第3章 パソコン版OneNoteを利用しよう

44

📝 図形と図形を線で結ぶ

前ページの手順を参考に、同じような図形を作成しておきます。

① <図形>をクリックし、矢印をクリックします。

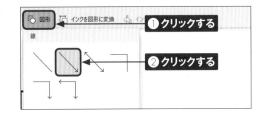

① クリックする

② クリックする

② 図形の間をドラッグして矢印を挿入します。

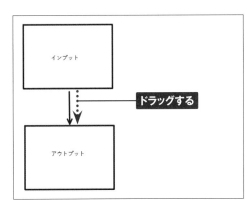

インプット

ドラッグする

アウトプット

Memo テキスト入力に戻るには

メニューバーにある<オブジェクトの選択またはテキストの入力>をクリックすると、テキストを入力できるようになります。またこのアイコンをクリックすると、図をクリックして選択することや選択した図を削除することなどが可能です。

Memo 図形の線や色を変更する

作成した図を選択して、ペンツールの右下にある矢印をクリックすると、図形の線や太さを変更できます。

Section

022 表を挿入しよう

iPhone版 Android版 PC版

パソコン版OneNoteでは、簡易ながら表を挿入することができます。計算機能などはありませんが、行や列を編集することができるので、見やすい表を作ることができます。

表を挿入する

① <挿入>タブをクリックして、<表>をクリックします。

❶クリックする ❷クリックする

② 作成したい表の大きさをドラッグ操作で指定します。

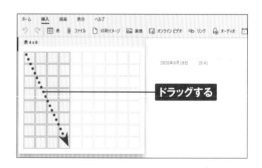

ドラッグする

③ マウスボタンから指を離すと表が挿入されます。作成した表に文字を入力して表を完成させます。

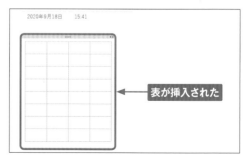

表が挿入された

🖉 行や列を編集する

(1) 操作したい行にカーソルを合わせて右クリックし、表示されるメニューから<表>をクリックして、操作を選びます。ここでは<下に行を挿入>をクリックします。

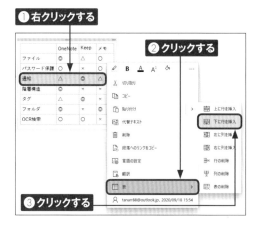

❶右クリックする

❷クリックする

❸クリックする

(2) 行が挿入されました。

行が挿入された

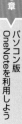

Memo セルに入力する

各セルに入力するときは、Tabキーを押して隣のセルに移動すると便利です。右下にカーソルがあるときにTabキーを押すと、新しい行が自動で挿入されます。

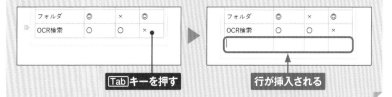

Tabキーを押す

行が挿入される

023 自由なレイアウトで メモを作ろう

iPhone版 Android版 PC版

パソコン版OneNoteでは、自由度の高いレイアウトでメモを作ることができます。OneNoteでは、ノートコンテナーと呼ばれるボックスを好きなところに配置することで、写真や図の上にもメモを作成できます。

🖉 好きな場所にメモを書く

1 余白をクリックしてメモを書いたら、バーをドラッグしてノートコンテナーを好きな位置に移動します。

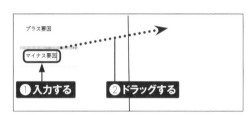

Memo ノートコンテナーとは

画面をクリックしたところに作られるのがノートコンテナーです。紙と同じように、ページのどこでもテキストや画像などを挿入できる仕組みです。

2 ノートコンテナーをドロップすると、メモが配置されます。写真の上などに配置することも可能です。

Memo 順序を変更する

ノートコンテナーはあとから作成したメモが上に表示されます。テキストが画像に重なって表示されないときなどは、画像を背面や最背面に移動して対処します。重なる順序は、右クリックメニューの<順序>で変更できます。

Section

024

ページを検索しよう

iPhone版 Android版 PC版

メモが増えてきたときは、検索機能を使ってメモを取り出します。あまり整理をしていなくても、必要なメモがすぐに見つかります。OneNoteではノートシールを貼り付けたメモも簡単に探すことができます。

キーワードで検索する

(1) 🔍 をクリックすると、検索ボックスが表示されて入力欄にカーソルが移動するので、キーワードを入力します。

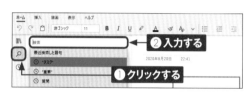

(2) Enterキーを押すと、検索結果が表示されます。候補からアイテムを選ぶと、メモが表示されてキーワードがハイライト（あるいはグレー）で表示されます。

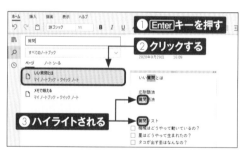

Memo ノートシールを検索する

手順①でノートシールにある<タスク>などをクリックすると、ノートシール（P.39参照）が貼られたメモを取り出せます。検索ボックスには特定のノートシールだけ表示するためのフィルタリング機能も用意しています。

ページを削除しよう／復元しよう

iPhone版 Android版 PC版

不要になったページは削除します。削除しても60日以内であれば復元することができます。ページの復元はパソコン版のOneNoteでのみ可能です。またモバイル版のOneNoteで削除したページも復元できます。

ページを削除する

(1) ＜ナビゲーションの表示＞をクリックして、セクションとページを表示します。削除したいページのリストで右クリックし、表示されるメニューから＜ページの削除＞をクリックします。

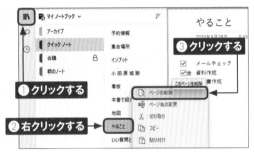

(2) ページが削除されました。

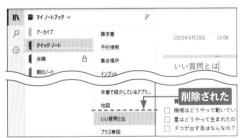

削除済みノートを復元する

(1) ＜表示＞タブをクリックして、＜削除済みノート＞をクリックします。

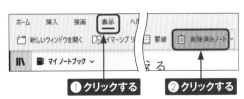

② 削除したノートが表示されます。復元したいページを右クリックして、＜復元先＞をクリックします。

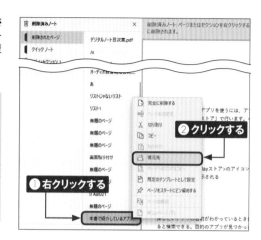

Memo 完全削除する

メニューにある＜完全に削除する＞を選ぶと、削除済みノートからも削除され復元できなくなります。

③ 復元先のセクション（ここでは「クイック ノート」）を選び、＜復元＞をクリックします。

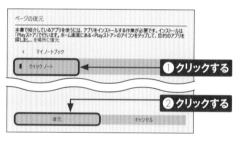

④ ページが復元されます。右上の＜終了＞をクリックします。

⑤ 復元先のセクションをクリックし、ページが復元されていることを確認します。

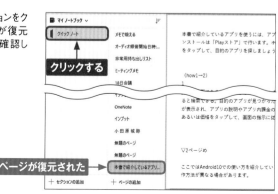

Section

026

ページの内容を 履歴から復元しよう

iPhone版 Android版 PC版

OneNoteは、編集したメモの履歴情報 (バージョン) を記録しています。バージョンを読み込むことで、以前に編集した状態まで戻ることができるのです。書き直したメモを元に戻したいときなどに便利です。

ページのバージョンを読み込む

(1) ページを右クリックして、<ページのバージョン>をクリックします。

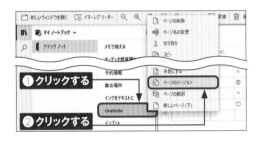

(2) ページのバージョンが表示されます。戻したいバージョンを選んで、<現在のページにする>をクリックします。

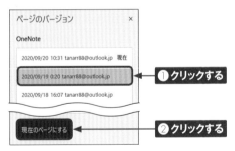

(3) 以前の状態に戻りました。

以前のバージョンに戻った

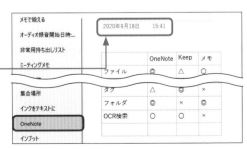

第 **4** 章

OneNoteを活用しよう

Section 027 ホーム画面から メモを作成しよう

iPhone版 Android版 PC版

Android版のOneNoteには、ホーム画面やアプリの表示中にメモを書く機能が用意されています。OneNoteバッジと呼ばれる機能で、これを利用すれば、いつでも思い付いたときにメモを作成できるようになります。

✎ OneNoteバッジを有効にする

Android版のOneNoteは、Google Playからインストールします（P.22のMemo参照）。Microsoft アカウントの設定などが求められた場合、P.22-23を参考に操作を進めてください。画面は異なりますが、操作上の大きな違いはありません。

(1) ホーム画面に追加された<OneNote>のアイコンをタップしてOneNoteを起動します。

タップする

(2) 画面右上にある ⋮ をタップします。

タップする

(3) <設定>をタップします。

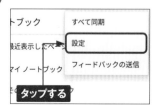
タップする

(4) <OneNote バッジ>をタップして、○を●にします。

タップする

(5) <OK>をタップします。

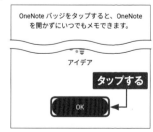
タップする

⑥ <設定を開く>をタップします。

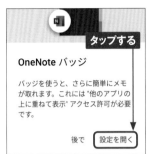

タップする

OneNote バッジ

バッジを使うと、さらに簡単にメモが取れます。これには "他のアプリの上に重ねて表示" アクセス許可が必要です。

後で　　設定を開く

⑦ <OneNote>をタップします。

← 他のアプリの上に... ⑦ 🔖 ⋮

G Google
　許可

Google サポート サービス
　許可

　許可しない

LINE
　許可

タップする

OneNote
　許可しない

Pocket
　許可しない

⑧ <他のアプリの上に重ねて表示できるようにする>をタップして、⬤を⬤にします。続いて、左上の←を2回タップします。

← 他のアプリの上に重ね... Q ⑦

❶タップする

OneNote
16.0.13001.20250

他のアプリの上に重ねて表示できるようにする

❷タップする

⑨ 設定が有効になり、画面右上にOneNoteバッジが表示されます。

9月27日日曜日 ◯ 20°C

+ ☑ 🎤 ✏ 🖼

OneNoteバッジ
が表示される

📝 メモを作成する

① OneNoteバッジをタップします。

9月27日日曜日 ◯ 20°C

+ ☑ 🎤 ✏ 🖼

タップする

追加したメモはここに表示されます

② メモの作成画面が表示され、メモを書くことができます。

⚙ ◎ ✓

9月27日日曜日 ◯ 20°C

無題のページ ∨　　　📵 表示

タイトル

クイック ノートの追加

追加したメモはここに表示されます

メモ作成画面
が表示された

第4章 OneNoteを活用しよう

55

Section

028 付箋にメモを作成しよう

iPhone版 Android版 PC版

モバイル版のOneNoteでは、付箋と呼ばれるノートを作ることができます。付箋は、用事が済んだら捨ててしまうようなメモを残すのにぴったりです。アプリで書いたメモはデスクトップで見ることもできます。

📝 付箋にメモを作成する

1 <付箋>をタップして、新規メモを表示し、<使ってみる>をタップします。

2 ➕をタップします。

3 新しい付箋が表示されるのでメモを入力します。入力し終えたら左上にある▼（Androidでは←）をタップします。

4 付箋に書いたメモが保存されます。

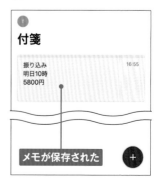

第4章 OneNoteを活用しよう

✎ パソコン版で付箋を表示する

(1) Windowsのスタートボ
タンをクリックして、スター
トメニューを表示し、<付
箋>を起動します。

① クリックする
② クリックする

(2) <開始>をクリックします
（サインインが求められ
た場合は、<サインイ
ン>をクリックします）。

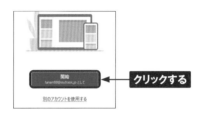

クリックする

(3) 付箋が起動して、同期
されたメモが表示されま
す。

メモが同期された

Memo メモの作成と開き方

<メモを作成する>か＋をク
リックすれば新しいメモが作成
されて、モバイル版のOneN
oteにも同期されます。また
付箋の右上にカーソルを置く
と表示される<…>から<メモ
を開く>をクリックすれば、デ
スクトップに付箋を貼り付ける
こともできます。

Section

029 ToDoを管理しよう

iPhone版 Android版 PC版

メモの中に、しなければならないこと（ToDo）や、やりたいことなどを挿入したいこともあるでしょう。このようなときに便利なのがチェックボックスです。毎日の振り返りなどに活用してください。

✎ チェックボックスを挿入する

(1) ページ上でチェックボックスを挿入したい箇所にカーソルを置き、☑をタップします。

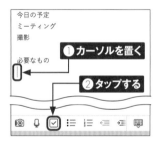

(2) チェックボックスが挿入されました。入力後、＜改行＞をタップします。

(3) 次の行にもチェックボックスが追加されるので、入力を続けます。

Memo チェックボックスを削除する

チェックボックスが挿入された状態で、何も入力せずに＜改行＞をタップ、または☑をタップすると、チェックボックスが削除されます。

📝 アイテムを完了させる

① チェックボックスをタップします。

今日の予定
ミーティング
撮影

タップする

必要なもの
☐ ブーケ
☐ アンティークBOX
☐ 資料
☐ サンプル見本

② チェックが付いて完了状態になります。

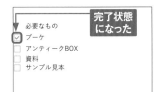

完了状態になった

必要なもの
☑ ブーケ
☐ アンティークBOX
☐ 資料
☐ サンプル見本

📝 チェックアイテムにインデントを設定する

① インデントを設定したい行にカーソルを置き（行内であればどの場所でもOK）、→☰（Androidでは ›☰）をタップします。

必要なもの
☐ 撮影小物 **①カーソルを置く**
☑ ブーケ
☐ アンティークBOX
☐ ミーティング
☐ 資料
☐ サンプル見本

②タップする

② インデントが設定されました。関連のあるアイテムをまとめることができます。

必要なもの
☐ 撮影小物
　☑ ブーケ
☐ アンティークBOX **インデントが設定された**
☐ ミーティング
資料

Memo リスト表示について

iPhone版のOneNoteでは、ページを表示しているときに、右上にある •••で「リスト表示」と「ノート表示」を切り替えることができます。リスト表示に切り替えると、本文や改行行もすべてリストのアイテムとして表示されます。リスト表示では、完了したアイテムを非表示にしたり、インデントを設定したアイテムをまとめて完了したりできます。セクション画面で、未完了のアイテム数を確認できます。

🗑 ページの削除
☑ リスト表示
🔗 ページへのリンクをコピー
📄 ページの移動

「ノート表示」のときは「リスト表示」が表示される。

●リスト表示

非常用持ち出しリスト
残り 17 アイテム ✔

●ノート表示

非常用持ち出しリスト
必需品 現金 携帯電話 免許証 パスポート 健康保険証 生…

59

Section 030 箇条書きや見出しを作ろう

iPhone版 Android版 PC版

読みやすいメモを作るには、箇条書きや番号を付けるなどの工夫が必要です。またパソコン版では見出し機能を使って、ワープロで作った文書のように整形することも可能です。

✏️ 箇条書きのメモを作成する

① 箇条書きにしたいメモを作成し、そのメモにカーソルを置き、≔をタップします。

② 行頭にビュレット「・」が付きます。文章を書いて改行すれば、次の段にもビュレットが自動で付きます。

③ 箇条書きをやめたいときは、≔をタップするか、空白行のままもう一度改行します。

Memo 番号付きのメモを作成する

≔をタップすると、各段落に番号が付きます。ビュレットの箇条書きから番号付きリストへと切り替えることもできます。

1. 日記を書く
2. 読んだ本の記録を取る
3. 書類や紙のメモを取り込む

7. Webサイトの内容、またはURLを保存

📝 見出しを付ける

① メモを選択し、＜B＞＜I＞＜U＞をタップします。

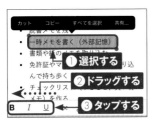

Memo 見出しの種類

スマートフォンでは、太字と斜体、アンダーラインのみ付けられます。フォントサイズを変更したり、スタイルを適用したりするには、パソコン版のOneNoteを利用してください。

Memo パソコンで見出しを付ける【パソコン版】

パソコンでは＜ホーム＞タブをクリックして表示されるリボンから、フォントを変更することができます。見出しについては、1〜6までのサイズが用意されており、表示されるメニューでは実際のサイズも確認できるので、そのサイズを目安に設定します。なお、画面はウィンドウの大きさで変化するため、環境によって表示が異なります。

① 見出しを付けたい行にカーソルを置いて、＜ホーム＞タブをクリックします。スタイルの ∨ または 🖊 をクリックするとをクリックすると、メニューが表示されるので、設定したい見出しを選択します。

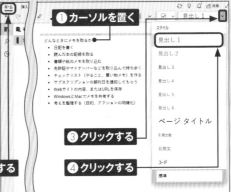

② 見出しが設定された。

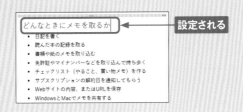

第4章 OneNoteを活用しよう

Section

031 ファイルを添付しよう

iPhone版 Android版 PC版

> メモにPDFファイルやOfficeで作ったファイルを添付することがあります。これらのファイルなら、ファイルの内容をメモの中に表示する「印刷イメージ」と、ファイルを添付するだけの「添付ファイル」の2種類の方法があります。

✏ 印刷イメージ形式でファイルを挿入する

(1) ページを開いて<挿入>タブにある<印刷イメージ>をクリックします（印刷イメージが不要なときやPDFやOfficeファイル以外なら<ファイル>をクリックします）。

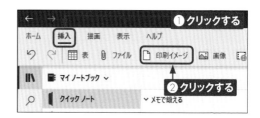

(2) 添付したいファイルを選択し、<開く>をクリックします。

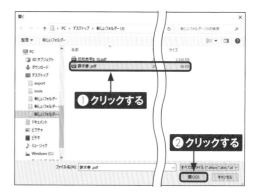

(3) 印刷イメージでファイルが挿入されました。

挿入された

032

メモへのリンクを 貼り付けよう

iPhone版 Android版 PC版

複数のメモに書いた情報を1か所にまとめたいことがあります。このようなとき
は、ページへのリンクをコピーして、別のメモに貼り付けてみましょう。必要
なメモをすぐに開くことができます。モバイル版はiPhoneのみ利用できます。

📝 ページへのリンクをコピーする

(1) 画面右上の … をタップします。

(2) <ページへのリンクをコピー>を
タップします。

(3) 別のページで画面を長押しし、
<ペースト>をタップします。ペー
ジへのリンクが貼られて、タップす
るとそのページにジャンプします。

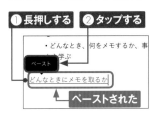

Memo パソコン版 OneNoteでの操作

パソコン版OneNoteでは、ペー
ジのリスト上で右クリックすると
ページへのリンクをコピーできま
す。

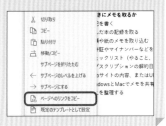

第4章 OneNoteを活用しよう

Section 033 メモを検索しよう

iPhone版 Android版 PC版

キーワードを入力してメモを取り出してみましょう。ハイライト表示（Android版は可能）やノートシールでフィルタリングすることはできませんが、すべてのノートブックを対象に、キーワードのあるページを探せます。

キーワードで検索する

① <検索>をタップして、検索ボックスにキーワードを入力（ここでは「日記」）します。

② 候補が表示されるので、目的のページをタップします。

③ ページが表示されました。ただしiPhoneではハイライト表示されないため、該当箇所は自分で見つける必要があります。

Memo Android版の操作

Android版ではキーワードをハイライト表示できます。<検索>をタップして、キーワードを入力し、ページをタップするとハイライト表示されます。

Section
034

最近使ったページを
すぐ開こう

iPhone版 Android版 PC版

最近使ったノートには、最近作ったページが順に表示されています。直前に作成、編集したページをすぐに開いて、作業を再開できます。またこのページから新しいページも作成できます。

最近使ったページを開く

① <ノートブック>をタップしてノートブックのリストを表示します。<最近使ったノート>をタップします。

② 最近使ったノートが表示されました。開きたいページをタップして開きます。

リストが表示される

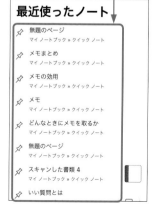

Memo Android版とパソコン版の操作

Android版はiPhone版と同じです。ノートブックの<最近表示したページ>をタップします。パソコン版は<最近使ったノートを表示>をクリックして表示できます。

Android版

パソコン版

第4章 OneNoteを活用しよう

Section
035

不要なページを 削除しよう

iPhone版 Android版 PC版

約束やToDoなどのページは、済んでしまえば不要になります。もう使わないページは削除して、セクション内を整理しましょう。ページを開いて削除する方法と、一覧から削除する2通りの方法があります。

✏ ページを削除する

① ページを開いて右上にある … をタップします。

② <ページの削除>をタップします。

③ ページが削除されます。

Memo Android版やパソコン版での操作

Android版の場合は、右上の : をタップして、<ページの削除>をタップします。パソコン版の場合は、ナビゲーションを開いている状態でページを右クリックして<ページの削除>を選択します。

Android版

	ページの共有
4日　15	ページ内の検索
	ページの削除
	ホーム画面に追加

画像からテキストを抽出しよう

iPhone版 Android版 PC版

iPhone版やパソコン版のOneNoteには写真に含まれているテキストを読み取って、テキスト化する機能があります。これを利用することで、取り込んだ書類や名刺などの情報をコピー＆ペーストできるようになります。

画像からテキストを抽出する

① 貼り付けた写真をタップして、＜テキストのコピー＞をタップします。

①タップする ②タップする

② コピーした内容を貼り付けます。長押しして＜ペースト＞をタップします。

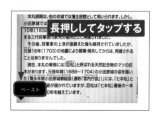

長押ししてタップする

③ テキストが貼り付けられました。

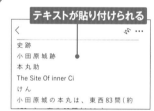

テキストが貼り付けられる

史跡
小田原城跡
本丸助
The Site Of inner Ci
けん
小田原城の本丸は、東西83間（約

Memo 貼り付けた直後は抽出できない

画像を貼り付けた直後は、＜テキストのコピー＞が表示されないことがあります。この場合、しばらく待ってから再度試してください。

Memo パソコン版の場合

画像の上で右クリックして＜画像からテキストをコピー＞をクリックし、任意の場所で右クリック→＜コピー＞をクリックします。

第4章 OneNoteを活用しよう

Section

037 ページを並べ替えよう

iPhone版 Android版 PC版

よく見るページはリストの上部に移動すると、見つけやすくなります。手動で並べ替えてみましょう。またパソコン版のOneNoteでは、名前順や更新日などでページを並べ替えることができます。

✎ ページを並べ替える

① ページの一覧画面で、＜編集＞をタップします。

タップする

② iPhone版は ≡ のアイコンを、Android版は空白部分をドラッグします。

ドラッグする

③ 指を離したところへページが移動します。

並べ替えた

Memo ページをソートする

パソコン版のOneNoteでは、リストの上にある ↓F をクリックして、ページを並べ替えることができます。

Section

038

サブページを作ろう

iPhone版 Android版 PC版

ページをサブページにすると、ページを入れ子にして管理できます。まとめて折りたたむことができるので、関連のあるページ同士を一括にしたり、セクション内を整理したりするのに便利です（iPhone版とパソコン版のみ対応です）。

✎ サブページにする

① ページの一覧画面で、＜編集＞をタップします。

② インデントしたいアイテムを選択して、右下にある→☰をタップします。

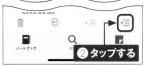

③ インデントされます。＜完了＞をタップして選択状態を終了します。

Memo パソコン版から操作する

パソコン版のOneNoteでサブページを作りたいときは、ページを右クリックして＜サブページにする＞を選択します。

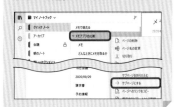

69

Section

039 新しいセクションを追加しよう

iPhone版 Android版 PC版

ノートブックの中には複数のセクションを作成できます。さまざまな内容のページが増えたら、セクションを作ってみましょう。フォルダ感覚で使えるので、ページの整理がはかどります。

✎ セクションを追加する

① ノートブックのセクション画面に移動します。＋をタップすると、セクションが作られます。

❶ タップする

❷ セクションが追加される

② 好きな名前を入力して、＜完了＞をタップします。

❶ 入力する

❷ タップする

Memo Android版やパソコン版での操作

Android版はiPhone版とほぼ同じです。＋をタップして名前を付けて作成します。パソコン版では画面下部の＜セクションの追加＞をクリックします。

Android版

パソコン版

Section 040

ページをセクションに移動しよう

iPhone版 Android版 PC版

セクションを作ったら、これまでに書いたページをセクションに移動（コピー）してみましょう。捨ててもよいページや、保存しておきたいページなど、メモの性格によってセクションを使い分けることができます。

✎ ページをセクションに移動する

① セクションを開いてページの一覧を表示します。＜編集＞をタップします。Android版はアイテムを長押しします。

② 移動したいページをタップし（iPhone版のみ複数選択できます）、⬚をタップします。

③ ＜移動＞（または＜コピー＞）をタップします。

④ 移動先のセクションをタップすると、ページが移動します。

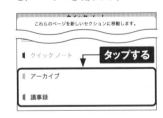

Memo Android版やパソコン版での操作

Android版は選択したあと、右上の🔳をタップして移動先を選択します。パソコン版では移動したいセクションにページをドラッグ&ドロップします。

041 セクションをパスワードで保護しよう

iPhone版 Android版 PC版

OneNoteでは、セクションにパスワードをかけてロックすることができます。見られて困るメモを保存しておくのに活用しましょう。パスワード解除には顔認証や指紋認証が使えます。

セクションをパスワードで保護する

① ノートブックのセクション一覧を表示して、＜編集＞をタップします（Android版とパソコン版は次ページのメモ参照）。

② 保護したいセクションをタップして、🔒をタップします。

③ ＜このセクションを保護する＞をタップします。

④ 「パスワード」と「確認」の両方に同じパスワードを入力し、＜完了＞をタップします。

⑤ セクションがパスワードで保護されて、鍵のアイコンが表示されます。

✏️ パスワードを解除する

(1) ロックされたセクションをタップします。

(2) パスワードを入力し<ロック解除>をタップします。iPhoneの場合、<Face IDでロックを解除>をオンにすることで、次回より顔認証でロックを解除できます。

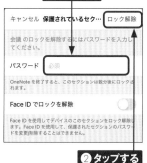

(3) ロックが解除されてセクション内のページリストが表示されます。

Memo Android版とパソコン版の操作

Android版はセクションを長押ししてから、右上の🔡→<セクションの保護>をタップしてパスワードで保護します(解除の場合は<セクションのロックを解除する>をタップします)。また、パソコン版ではロックしたいセクションを右クリックして、パスワードを追加します(解除の場合はセクションをクリックしてパスワードを入力します)。

Android版

パソコン版

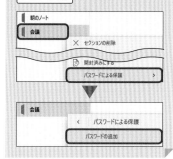

第4章 OneNoteを活用しよう

73

Section 042 新しいノートブックを追加しよう

iPhone版 Android版 PC版

OneNoteでは、複数のノートブックを持つことができます。仕事や勉強用、プライベートなど、用途別にノートブックを作ることで、関連のあるメモをまとめて管理できます。

ノートブックを追加する

① ① 画面下の<ノートブック>をタップしてノートブック画面を表示します。＋をタップします。

② ② 新しいノートブックの名前や色を入力し、<作成>をタップします。

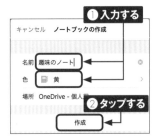

③ ③ 新しいノートブックが作成されて、開いた状態になります。

Memo Android版とパソコン版の操作

Android版はiPhone版と同じです。＋をタップして、名前を付けてノートブックを追加します。ただしAndroid版は色を選べません。また、パソコン版では<ノートブック>（P.36の下図参照）をクリックして、画面下部の<ノートブックの追加>をクリックします。

Section

043 セクション名を変更しよう

iPhone版 Android版 PC版

セクションの名前はいつでも変更できます。間違えて名前を付けてしまった
セクション名を修正したいときや、新しいテーマに変更したいとき、セクショ
ン名を変更してわかりやすく整理しましょう。

✎ セクション名を変更する

(1) セクション画面を表示して<編集>をタップします。

(2) 名前を変更したいセクションをタップし、▇▇をタップします。

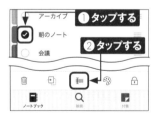

(3) 名前を変更し<完了>をタップします。

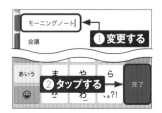

Memo Android版とパソコン版の操作

Android版では、セクションを長押ししたあと、▇▇をタップします。また、パソコン版では、セクションの上で右クリックし、<セクション名の変更>をクリックして、名前を変更します。

Android版

パソコン版

第4章 OneNoteを活用しよう

Section

044

メモを送信しよう

iPhone版 Android版 PC版

メモをほかのユーザーと共有したいときは、送信機能を使ってメールやSNS
アプリなどに送ります。PDF形式で送信されるので、OneNoteで作成した
メモもそのままのレイアウトで送ることができます。

✏️ ページのコピーを送信する

① 送信したいページを開いて、右上
の … をタップしたら、<ページの
コピーの送信>をタップします。

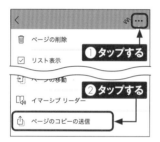

② 共有方法を選びます。ここでは
<別のアプリで送信する>をタッ
プしてから<メール>をタップしま
す。

③ メールが起動してPDFファイルが
添付されました。宛名やメッセー
ジなどを書いて⬆をタップします。

Memo Android版の場合

Android版では、右上の︙から
<ページの共有>をタップしたあ
と、共有方法に<PDF>を選び
ます。

045 テンプレートを利用しよう

iPhone版 Android版 PC版

議事録や日誌など、いつも同じフォーマットを利用して書くメモは、テンプレートを利用すると便利です。あらかじめタイトルや見出しなどを設定した状態で新しいページを作成できるようになります。

✏️ テンプレートを適用する

この作業はパソコン版でのみ行え、設定内容はスマートフォンに反映されます。

(1) フォーマットの雛形となるページを作成します。そのページを右クリックして、<既定のテンプレートとして設定>をクリックします。

❶ 作成する　❷ 右クリックする

❸ クリックする

(2) フォーマットが設定されます。<ページの追加>をクリックすると、フォーマットで設定したページが作成されます。

クリックする

Memo テンプレートはセクションごとに適用される

テンプレートは、セクションごとに適用されます。新しく作成するページに毎回適用されるので(つまり該当セクションはテンプレート専用になる)、専用セクションを用意するのがおすすめです。テンプレートはスマートフォンでページを作成するときも適用されます。

Webページの好きな部分をクリップしよう

iPhone版 Android版 PC版

Windows 10でMicrosoft Edgeを使ってインターネットを利用しているとき、OneNote Web Clipperを使うと記事やブックマークをメモ代わりに簡単に保存できます。OneNoteが情報収集のツールになります。

📝 OneNote Web Clipperをインストールする

(1) Windows10でMicrosoft Edgeを起動して、https://microsoftedge.microsoft.com/addons/にアクセスし、「onenote」を検索します。OneNote Web Clipperが表示されるので<インストール>をクリックします。

(2) <拡張機能の追加>をクリックします。

(3) ツールバーにOneNote Web Clipperが追加されます。初回時は<Microsoft アカウントでサインイン>をクリックして、サインインしたあと拡張機能のアクセスを許可します。

📝 Webページを保存する

① 保存したいWebページを表示しておきます。OneNote Web Clipperのボタンをクリックし、保存方法を選択します。ここでは＜記事＞をクリックします。＜場所＞で保存先のセクションを変更できます。

② クリップ内容のプレビューを確認して、＜クリップ＞をクリックします。

> ここからはiPhoneで保存したWebページを確認する方法を解説します。パソコン版、Android版も同様に確認できます。

③ モバイル版のOneNoteを開いて、クリップした記事をタップします。

④ 記事が表示されます。

047

Web版のOneNoteを
利用しよう

iPhone版 Android版 PC版

OneNoteがインストールされていないパソコンでOneNoteを利用したいときに便利なのが、Web版のOneNoteです。サインインすることでブラウザからOneNoteが利用できます。

📝 OneNoteにサインインする

① https://www.onenote.com/にアクセスし、<サインイン>をクリックします。

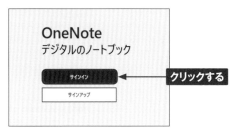

② Microsoft アカウントのユーザー IDを入力し、<次へ>をクリックします。

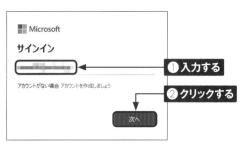

③ この画面が表示された場合は、どちらかをクリックします。

④ パスワードを入力し、<サインイン>をクリックします。

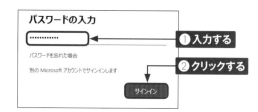

⑤ <はい>をクリックします。

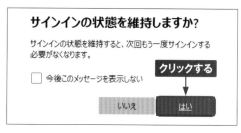

⑥ 開くノートブックを選択します。

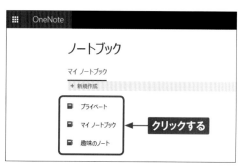

⑦ OneNoteへのサインインが完了しノートブックが開きます。

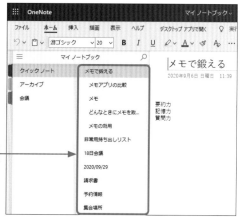

Evernoteのデータを
OneNoteに取り込もう

iPhone版 Android版 PC版

オンラインメモのEvernoteを利用したことがあるなら、ノートブックを
OneNoteにエクスポートすることができます。エクスポートしたノートブックは、
インポートツールを利用してOneNoteに取り込みます。

✎ Evernoteのノートブックをエクスポートする

① パソコン版のEvernote
のクライアントアプリを
起動します。ノートブッ
クの一覧から取り込み
たいノートブックを右ク
リックし、<ノートブック
をエクスポート>をクリッ
クします。

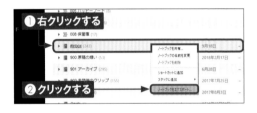

② ファイルの種類が「Eve
rnoteエクスポートファイ
ル」（enexファイル）で
あることを確認します。
保存先のフォルダを指
定して<保存>をクリッ
クします。

③ エクスポートが完了した
ら、<OK>をクリックし
ます。

📝 インポートツールを利用する

(1) ブラウザでhttps://www.onenote.com/import-evernote-to-onenote?omkt=ja-JPにアクセスして、＜インポートツールのダウンロード＞をクリックします。続いて、＜ファイルを開く＞をクリックします。

(2) ＜I accept the terms of this agreement＞にチェックを入れて、＜Get started＞をクリックします。

Welcome to the OneNote Importer (Preview)!

You're just a few clicks away from getting your Evernote content into OneNote. To continue you must accept the terms of this agreement.

(3) ＜Choose File＞をクリックして、出力したenexファイルを選択します。＜Next＞をクリックします。

Select Evernote content

We couldn't find your Evernote notes. We recommend you have Evernote for Windows installed with your latest notes synced in order to import process.

Alternatively, you can select an exported Evernote file (.enex)

第**4**章 OneNoteを活用しよう

④ <Sign in with a Mic rosoft account> をクリックします。

⑤ Microsoft アカウントのユーザー IDを入力して、<次へ>をクリックします。

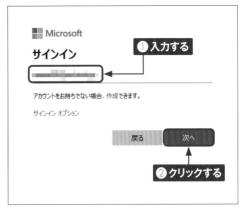

⑥ パスワードを入力して<サインイン>をクリックします。

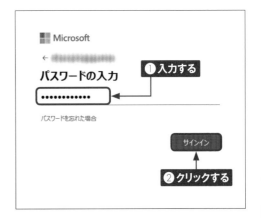

(7) <Use Evernote tags to…>にチェックを入れます。Evernoteのタグでセクションが作られるので、<Import>をクリックして、インポートを開始します。

Here's how your content will be organized in OneNote

We'll create a new OneNote notebook for each Evernote notebook.

Notebooks to notebooks   Pages to pages

① チェックを入れる → ☑ Use Evernote tags to organize content in OneNote

Sign in with a different account (tanarr88@outlook.jp)

② クリックする → Import

(8) インポートが完了したら<View notes in One Note>をクリックします。

All done! Your notes have been imported into OneNote

Please note it might take a few minutes for all of your notes to appear in OneNote.

We couldn't import the following notes because more than the maximum number of image tags for PDFs were found in the notes. Try copy and pasting

Complete!

クリックする → View notes in OneNote

(9) OneNoteが起動して、インポートしたノートブックが表示されます。

表示される →

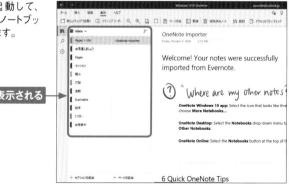

OneNote Importer
Friday, October 9, 2020   2:53 PM

Welcome! Your notes were successfully imported from Evernote.

(?) "Where are my other notes?"

OneNote Windows 10 app: Select the icon that looks like thre choose **More Notebooks...**

OneNote Desktop: Select the **Notebooks** drop-down menu t **Other Notebooks**.

OneNote Online: Select the **Notebooks** button at the top of t

6 Quick OneNote Tips

Section

049 メモを再生しよう

iPhone版 Android版 PC版

イマーシブリーダーを利用すると、メモの内容を音声で読み上げてくれます。
自分で書いたメモを再生するほか、画像から抽出したテキストやクリップした
Webの記事などを読み上げるのに便利です。

📝 イマーシブリーダーを利用する（iPhone版のみ）

音声で読み上げてもらいたいメモをあ
らかじめ表示しておきます。

(1) ・・・をタップして、＜イマーシブ リー
ダー＞をタップします。

(2) 再生ボタンをタップします。

(3) 再生を開始します。終了するとき
は＜閉じる＞をタップします。

Memo 音声の速度や 性別を変更する

手順②の 🔧 をタップすると、音
声の速度や性別を変更できます。

第4章 OneNoteを活用しよう

第 **5** 章

Google Keepを
使ってみよう

Section

050

Google Keepを インストールしよう

iPhone版 Android版 PC版

iPhoneでGoogle Keep（以下、Keep）を利用するにはインストールする必要があります。App StoreでGoogle Keepを検索してインストールしてください。インストール後、アプリを起動してGoogleアカウントでログインします。

第5章 Google Keepを使ってみよう

iPhone版のGoogle Keepをインストールする

1 ホーム画面にある<App Store>を起動して、画面下部にある<検索>をタップします。

2 検索ボックスに「keep」と入力し、アプリを検索します。

3 Google Keepが検索できたら<入手>をタップします。画面の指示に従って、アプリをインストールします。

Memo Android版の場合

AndroidOSにはGoogle Keepが標準でインストールされています。「Keep メモ」というアプリを起動すればGoogle Keepの利用を開始できます。

051

Keepにアカウントを登録しよう

iPhone版 Android版 PC版

Android版と違ってiPhone版は、KeepをインストールしたあとにGoogleアカウントでログインする必要があります。すでにログインしている場合、アカウントを選択するだけでKeepを利用できます。

Googleにログインする

(1) ホーム画面に追加された<Keep>のアイコンをタップします。すでにGoogleアカウントでログインしている場合、次のページに進みます。

(2) <続ける>をタップします。

(3) Googleアカウントのログインに必要なメールアドレスまたは電話番号を入力し、<次へ>をタップします。

(4) パスワードを入力し<次へ>をタップします。

⑤ 2段階認証プロセスが設定されている場合、<送信>をタップします。

⑥ 6桁の確認コードが届くので、コードを入力し<次へ>をタップします。

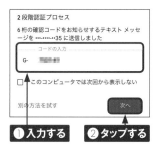

①入力する ②タップする

⑦ ログインが成功し、Keepが利用できるようになります。

Keepが表示された

すでにGoogleにログインしている場合

① ホーム画面で<Keep>をタップすると、Keepのスタート画面が表示されます。<利用する>をタップします。

タップする

② <アカウントの選択>をタップし、Keepで使うアカウントを選択します。Keepが起動します。

①タップする
②タップする

Memo アカウントの選択画面について

GoogleやGoogleマップなどをすでに使っていて、Googleにログインしているとアカウントの選択画面になります。また<別のアカウントを追加>をタップすれば、ほかのアカウントでログインできます。

Section
052
メモを作成しよう

iPhone版 Android版 PC版

Keepで新しいメモを作成してみましょう。Keepでは、メモの本文部分にカーソルが自動で移動するため、タイトルを書かなくても書きたいことをすぐ入力できるようになっています。

本章では以降、Androidスマートフォンを利用して解説しています。
iPhoneでも操作方法は変わりません。

メモを作成する

① ホーム画面のkeepアイコンをタップしてkeepを起動したら、右下にある＋をタップします。

② 新しいメモが作成されます。

③ メモを入力します。終了するときは、左上の←（iPhoneでは＜）をタップします。

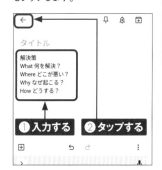

④ メモが保存されます。タップすると、メモを開くことができます。

Section

053 チェックリストを作ろう

iPhone版 Android版 PC版

やりたいことを管理するには、チェックボックスを表示します。終了したタスク
はタップするだけで、リストから非表示になります。関連のあるタスクはサブ
タスクにしてまとめると便利です。

第5章 Google Keepを使ってみよう

✏️ チェックボックスを追加する

① メモを開き、タイトルをタップして、入力します。メモの本文部分にカーソルを移動して⊞をタップします。

① 入力する
今日のやることリスト
② カーソルを移動する
③ タップする

② <チェックボックス>をタップします。

今日のやることリスト

メモ

🖊️ 図形描画

🎤 録音   タップする

☑ チェックボックス

⊞

③ <リストアイテム>をタップすると、チェックボックスが追加されます。

今日のやることリスト
+ リストアイテム
① タップする
② 追加される

④ タスクを入力して改行すると、次の行にもチェックボックスが追加されます。

① 入力する   ② 改行する
今日のやることリスト
☐ レポート作成
☐
+ リストアイテム
③ 追加される

🖊 サブタスクを設定する

(1) チェックボックス付きのアイテムを右方向にドラッグします。

今日のやることリスト ⋮

:: □ 買い物
:: □ 電池
:: □ ガスボンベ ●●●●●●●●●●➤
:: □
＋ リストアイテム **ドラッグする**

(2) アイテムがスライドし、すぐ上のアイテムのサブタスクになりました。

今日のやることリスト ⋮

:: □ 買い物
:: □ 電池
:: □ ガスボンベ
:: □ ↑
＋ リストアイテム **スライドした**

🖊 タスクを完了する

(1) 完了したタスクのチェックボックスをタップします。

今日のやることリスト ⋮

:: □ レポート作成
:: □ 修理依頼 ◀
:: □ パスポート用の写真撮影
:: □ 買い物 **タップする**
　　:: □ 電池
　　:: □ ガスボンベ
:: □
＋ リストアイテム

(2) アイテムが「チェックマーク付きアイテム」へ移動します。iPhoneでは「1個の選択中アイテム」へ移動します。

今日のやることリスト ⋮

:: □ レポート作成
:: □ パスポート用の写真撮影
:: □ 買い物
　　:: □ 電池
　　:: □ ガスボンベ
:: □
＋ リストアイテム

〉 チェックマーク付きアイテム 1件
☑ 修理依頼 ◀ **移動した**

Memo 順番を並べ替える

チェックボックスの左端にある ⸬ を上下にドラッグすると、アイテムの順番を入れ替えることができます。サブタスクが設定されている場合は、まとめて移動できます。

Memo チェックボックスを非表示にする

⋮ をタップして、＜チェックボックスを表示しない＞（iPhoneでは＜チェックボックスを非表示＞）をタップすると、すべてのチェックボックスが非表示になります。チェックリストではなく、テキストのメモに切り替えたいとき、便利です。

今日のやることリスト ⋮

:: □ レポー **チェックボックスを表示しない**
:: □ 修理依頼

93

Section

054

メモに期限や場所を追加しよう

iPhone版 Android版 PC版

忘れたくないメモには、通知を設定しておきましょう。Keepの通知機能では、メモに期限あるいは場所を設定し、ほしいタイミングや場所で通知を受け取ることができます。ただし、期限と場所を同時に設定することはできません。

第5章 Google Keepを使ってみよう

✎ メモに期限を設定する

① 通知したい内容をメモにして、🔔 をタップします。

❶ 入力する　❷ タップする

② 通知を表示する日時と繰り返しを設定します。<保存>（iPhoneでは右上の✓）をタップします。

❶ 設定する　❷ タップする

③ 通知（リマインダー）が設定されました。

← 設定された

Memo タスクを完了する

指定した日時になると通知が表示されます。<完了>をタップすると、タスクを完了できます。あとで完了することも可能です。

📝 メモに場所を設定する

① 通知したい内容をメモにして、🔔 をタップします。

② <場所>(iPhoneでは<場所の選択>)をタップします。通知を表示したい場所をタップします。任意の場所を指定したいときは<場所を指定>をタップして入力します。iPhone版では住所を入力し、右上の✓をタップします。

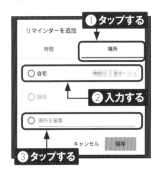

③ 初回のみアクセス許可が必要です。<[設定]で許可してください>をタップします。

④ <常に許可>をタップして、左上の←(iPhoneでは<)をタップしてもとの画面に戻ります。

⑤ <保存>をタップするとリマインダーが設定されます。指定場所をタップすると通知が表示されます。

Memo iPhone版で場所を指定する

iPhone版で場所を指定するときは、初回に位置情報サービスをオンに促すポップアップが表示されます。<設定>をタップしたあと、位置情報の設定で<常に>を選んでください。

Section

055 写真メモを作ろう

iPhone版 Android版 PC版

メモに写真を貼り付けて写真メモを作ってみましょう。その場で撮影して写真を貼り付けるか、または撮影済みの写真を呼び出して貼り付けます。複数の写真を貼り付けることも可能です。

📷 写真を撮影して貼り付ける

1 メモの一覧から🖼をタップします。

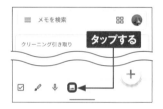

タップする

2 <写真を撮影>をタップします。

タップする

3 カメラが起動します。シャッターを押して撮影します。

タップする

4 プレビューを確認し、シャッターを再度タップします(iPhoneでは<写真を使用>をタップします)。

タップする

5 写真が貼り付けられます。

写真が貼り付けられた

96

ライブラリから読み込む

① 前ページの手順①を参考にメモの一覧から📷をタップして、<画像を選択>をタップします。

② 写真へのアクセスが求められた場合は<OK>あるいは<続ける>、<写真を選択>をタップし、許可します。写真をタップして選択し、<完了>をタップします。iPhoneでは写真をタップして選択すると、すぐに手順③に進みます。

③ 写真が貼り付けられます。

Memo 写真の読み込み先を変更する

Android版では、手順②の画面で左上にある☰をタップすると、画像の読み込み先を変更できます。また検索ボックスで写真を検索したり、フィルタを使って絞り込むことも可能です。

Memo 写真を追加する

メモを開いた状態で🕀をタップします。<写真を撮影>または<画像を追加>をタップすることで、写真を追加できます。iPhoneでは<写真を撮る>または<画像を選択>をタップします。

手書きメモを作ろう

iPhone版 Android版 PC版

Keepのペン機能を使うと、手書きメモを残すことができます。3種類のペンは、太さや色を細かく調整可能です。また書き終わっても、画面をタップすればいつでも再編集できます。

第5章
Google Keepを
使ってみよう

📝 手書きメモを作成する

(1) メモの一覧画面で🖊をタップします。

(2) 画面をタッチして手書きします。

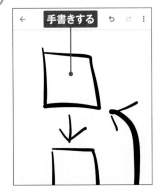

(3) 🖊をタップすると色を変更できます。色をさらに表示したいときは、∧をタップします。

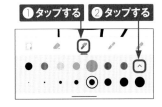

(4) 色の候補をタップすると、色を自由に変えることができます。

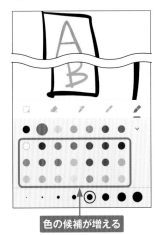

色の候補が増える

98

Memo メモを編集する

メモを開いた状態で手書きの文字や図形をタップすると、編集できるようになります。またあらかじめ貼り付けた写真をタップした場合、写真の上に手書きすることもできます。

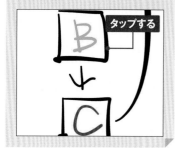
タップする

Memo キャンバスをクリアする

編集状態で ◢ を選択して、もう一度このアイコンをタップすると、＜キャンバスをクリア＞（iPhoneでは＜ページをクリア＞）が表示されます。これをタップすればキャンバスを白紙の状態に戻すことができます。

キャンバスをクリア

✍ グリッド線を表示する

1 図形部分をタップして、右上の ⋮ をタップし、＜グリッド線を表示＞をタップします。

グリッド線を表示
画像のテキストを抽出
送信
削除
タップする

2 グリッド線の種類を選びます。＜承認＞をタップします。

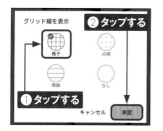
グリッド線を表示
格子　点線
横線　なし
❶ タップする
❷ タップする
キャンセル　承認

3 グリッド線が表示されました。

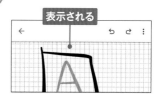
表示される

Memo グリッド線は編集時のみ表示される

グリッド線には格子、点線、横線の3種類があり、図形や文字など、書く内容に合わせて使い分けます。なお、グリッド線は編集時にのみ表示されます。← をタップしてメモに戻ると、グリッド線は非表示になります。

Section

057

音声メモを録音しよう

iPhone版　Android版　PC版

Keepの録音機能を使うと、話した内容をテキストに変換してくれます。思い付いたことを話すだけでテキストと音声の両方がメモとして残ります。あとで思い付いたことを追加することもできます。

✍ 音声を録音する

① メモの一覧で🎤をタップします。許可の確認画面が表示された場合は、＜許可＞あるいは＜OK＞をタップします。

② 音声を録音します。話した内容が逐一表示されます。

③ 間が空くと録音が自動で終了します。

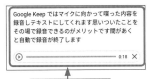

メモが保存される

Memo　音声を追加する

メモが開いた状態でマイクのアイコンをタップすると、カーソルのある位置から録音を再開できます。途中で録音が停止した場合は、この方法で再度録音してください。

第 **6** 章

パソコン版Google Keepを利用しよう

Section 058 Google Chromeをインストールしよう

iPhone版 Android版 PC版

> デスクトップでKeepを便利に使うため、Chromeブラウザをインストールします。Edgeブラウザと同じでタブ機能を備えています。Googleの各サービスと特に相性がよいことで知られています。

📝 Chromeをインストールする

① 「https://www.google.com/chrome/」にアクセスし、<Chromeをダウンロード>をクリックします。

新しい Chrome で毎日を
もっと快適に

Google の最先端技術を搭載し、さらにシンプル、安全、高速になった
Chrome をご活用ください。

クリックする

Chrome をダウンロード

Windows 版（10 / 8.1 / 8 / 7. 64 ビット）

☑ 使用統計データと障害レポートを Google に自動送信して Google Chrome の機能向上に役立てる。
詳細

② 画面左下の<ファイルを開く>をクリックします。このあと、「このアプリがデバイスに変更を加えることを許可しますか?」と表示されるので<はい>をクリックします。

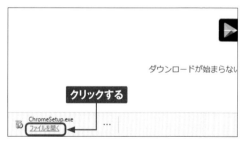

ダウンロードが始まらない

クリックする

ChromeSetup.exe
ファイルを開く

③ <閉じる>をクリックします。

インストールが完了しました。

クリックする

chrome

閉じる

Section

059

Chromeを起動しよう

iPhone版 Android版 PC版

パソコンでKeepを利用するには、ブラウザが必要になります。前ページでインストールしたChromeを使いますが、そのためにGoogleアカウントを利用し、インターネットの接続が前提となります。

Googleにログインする

① スタートボタンをクリックして、<Google Chrome>をクリックし、Chromeブラウザを起動します。

① クリックする
② クリックする

② ログイン画面が表示されるので、Googleのメールアドレスを入力し、<次へ>をクリックします。

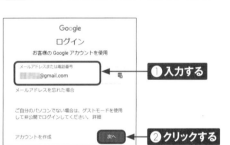
① 入力する
② クリックする

③ パスワードを入力し<次へ>をクリックします。

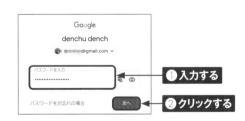
① 入力する
② クリックする

④ 二段階認証を設定している場合はコードを受け取って入力します。ログインに成功すると、Googleの検索画面が表示されます。

ログインできた

Section 060

パソコンでKeepを利用しよう

iPhone版 Android版 PC版

ChromeからKeepへアクセスすることで、Chromeブラウザ上でKeepを利用することができます。スマートフォンで作成したKeepのメモも表示され、自動的に同期されてそのまま読み/書きできるので便利です。

Keepにアクセスする

① 右上にある ⠿ をクリックし、<Keep>をクリックします。

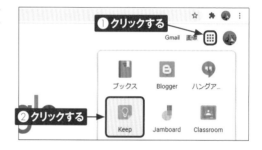

② Keepが起動しました。

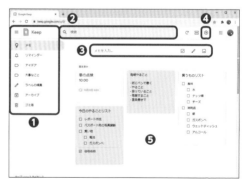

❶メインメニュー	リマインダーやラベルなどを表示する
❷検索	メモを検索する
❸メモを作成	メモを作成する
❹設定	設定やヘルプを呼び出す
❺メモ	メモを表示する

Section

061

メモを作成しよう

iPhone版 Android版 PC版

Chrome版のKeepでメモを作成してみましょう。画面の一番上の部分に新規メモを作成するためのボックスが用意されています。ここをクリックすれば、即座にメモを作成できます。

📝 メモを作成する

(1) <メモを入力>をクリックします。

(2) メモを作成します。<閉じる>をクリックします。

(3) メモが保存されます。保存したメモは、そのメモをクリックすることでメモを修正したり、追加したりできます。

Section
062
メモに期限や場所を 追加しよう

iPhone版 Android版 PC版

> Keepのリマインダーは、指定した日時や場所で通知を表示します。リマインダーを設定しておけば、パソコンでもモバイルでも通知を受け取れるため、忘れてはいけないタスクを登録しておきましょう

📝 リマインダーを設定する

第6章 パソコン版 Google Keepを利用しよう

1 メモを作成し、🔔をクリックします。

2 リマインダーが表示されます。場所または日付、時間を設定します。ここでは＜日付と時間を選択＞をクリックします。

3 カレンダーから日付を指定します。

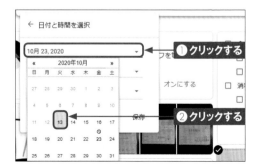

106

④ 同様に通知するタイミングや繰り返しを指定して、<保存>をクリックします。

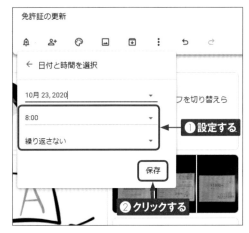

⑤ リマインダーが設定されました。<閉じる>をクリックします。

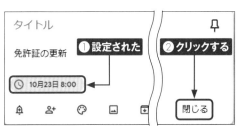

Memo 通知を表示する

指定したタイミングになるとKeepの画面に通知が表示されます。<メモを開く>をクリックするとメモが開きます。チェックをクリックすると完了できます。

107

Section

063 チェックリストを作ろう

iPhone版 Android版 PC版

Keepのチェックリストは、完了するとアイテムが非表示になるため、やりたいことや買いたいもの、タスクを管理するのに向いています。もちろん、サブタスクを設定することも可能です。

新しいリストを作成する

1 ☑をクリックします。

2 リストアイテムを入力できるようになります。Enter キーを押してアイテムを増やすことができます。

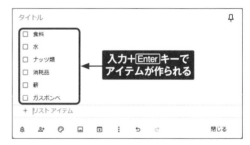

Memo インデントする

リストアイテムの先頭にマウスポインタを置くと⠿が表示されるので、これを右にドラッグすると、インデントを設定できます。インデントを設定すると、親のリストアイテムを完了したときに、すべてのサブタスクを完了することができます。

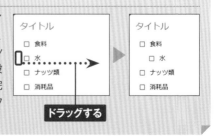

Section

064

手書きメモを作ろう

iPhone版 Android版 PC版

Chrome版のKeepも手書き機能を備えています。手書きでアイデアを記録できます。タッチパネルを搭載したノートなどを利用しているなら、ぜひ活用しましょう。もちろんマウスを使っても入力できます。

🖊 手書きメモを作る

(1) 🖊をクリックします。メモの書き込み領域に関する画面が表示された場合は<OK>をクリックします。

(2) 図形を描画できるようになります。ペンツールを使って書き込みます。保存するときは、← をクリックして次の画面で<閉じる>をクリックします。

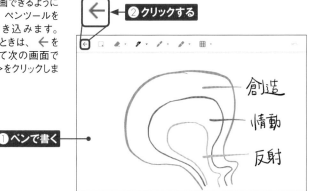

Memo 図形を追加する／編集する

保存した手書きメモは、メモの一覧からその手書きメモを2回クリックすることで、図形の追加や編集が行えるようになります。

第6章 パソコン版Google Keepを利用しよう

Section

065 写真メモを作ろう

iPhone版 Android版 PC版

パソコンのストレージにある写真を貼り付ければ、外出先でもどこでもすぐに取り出せて便利です。1つのメモに複数の写真を貼り付けることもできます。10MB未満のGIFやJPG、PNG画像などに対応しています。

写真メモを作成する

(1) 🖼をクリックします。

(2) ファイルを選択し、<開く>をクリックします。

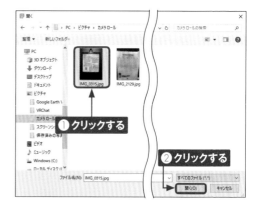

(3) 写真が貼り付けられます。

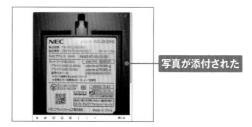

写真が添付された

066 リストや画像付きの メモを探そう

iPhone版 Android版 PC版

Keepの検索機能は全文検索のほかに、リストや画像付きメモなど、メモの種類を指定して検索することができます。写真メモや未完了のタスクなどをチェックしたいときに、さっと取り出せて便利です。

メモの種類を指定して取り出す

(1) 検索ボックスをクリックします。

(2) メモの種類を選択します。ここでは<画像>をクリックします。

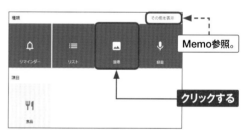

(3) 画像付きのメモだけを取り出すことができました。

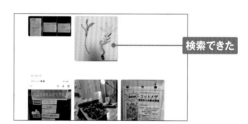

Memo 図形やURL付きメモも検索

手順②の画面で<その他を表示>をクリックすると、図形やURLの書かれているメモを取り出すことができます。

Section

067 メモをアーカイブしよう

iPhone版 Android版 PC版

Keepでは、使い終わったメモを捨てるのではなくアーカイブすることで非表示にできます。アーカイブしたメモは、再び必要になったとき、すぐに取り出すことができます。

メモをアーカイブする

1. メモの一覧からアーカイブしたいメモをクリックし、⊡ をクリックすると、非表示になります。

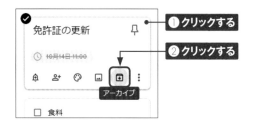

1 クリックする
2 クリックする

2. アーカイブしたメモは「アーカイブ」に格納されます。≡ をクリックして表示されるメニューの＜アーカイブ＞をクリックすると、アーカイブしたメモが確認できます。＜メモ＞をクリックして元の画面に戻ります。

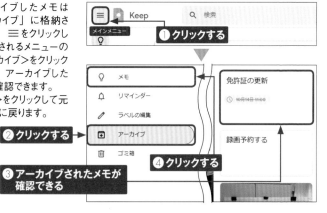

1 クリックする
2 クリックする
3 アーカイブされたメモが確認できる
4 クリックする

Memo アーカイブしたメモを取り出すには

アーカイブされたメモをクリックし、⊡ をクリックすることで、アーカイブしたメモを元に戻すことができます。

Section

068

不要なメモを削除しよう

[iPhone版] [Android版] [PC版]

不要なメモを削除すると、ゴミ箱に移動します。アーカイブするほどでもない
メモは、削除してしまいましょう。削除して7日経つと完全に削除されますが、
それまでは復元もできます。

メモを削除する

① 削除するメモをクリックして表示し、⋮をクリックして、<メモを削除>をクリックします。

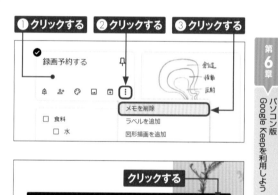

① クリックする ② クリックする ③ クリックする

② 確認のメッセージが表示されたら、✕をクリックします。

クリックする

メモをゴミ箱に移動しました　元に戻す　✕

③ メモが削除されます。<ゴミ箱>をクリックすると、削除したメモが確認できます。<メモ>をクリックして元の画面に戻ります。

③ クリックする

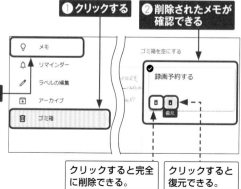

① クリックする　② 削除されたメモが確認できる

クリックすると完全に削除できる。　クリックすると復元できる。

113

Section

069

ラベルを付けて整理しよう

iPhone版 Android版 PC版

Keepはフォルダがない代わりに、ラベルを付けてメールを整理します。ラベルを付けたメモは、左側にあるメインメニューより簡単に取り出せます。1つのメモに複数のラベルを付けても構いません。

メモにラベルを付ける

① メモ一覧から作成したメモをクリックし、┇をクリックして<ラベルを追加>をクリックします。

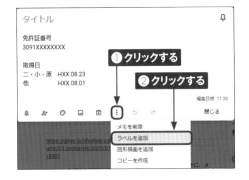

② ラベル名を入力し、Enterキーを押します。

③ ラベルが付きました。<閉じる>をクリックして、メモを終了します。

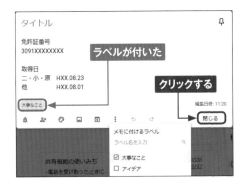

🖊 ラベルを付けたメモを取り出す

(1) メインメニューから作成したラベル（ここでは<大事なこと>）をクリックします。

クリックする

(2) ラベルの付いたメモだけが表示されます。

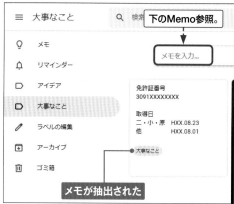

下のMemo参照。

メモが抽出された

Memo 自動でラベルを付ける

メインメニューからラベルをクリックした状態にし、<メモを入力>をクリックして新しいメモを作成すると、開いているラベル名が自動で付きます。

Section
070
ダークテーマを
有効にしよう

iPhone版 Android版 PC版

> ダークテーマは黒を基調にした背景色にするテーマのことです。最近はOS
> レベルでダークモードと呼ばれる配色を持つものが増えています。Chrome
> 版Keepでもダークテーマを有効にすることができます。

✎ ダークテーマを有効にする

1 メモの一覧画面で ⚙ を
クリックし、＜ダークテー
マを有効にする＞をク
リックします。

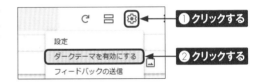
● クリックする
設定
ダークテーマを有効にする
フィードバックの送信
❷ クリックする

2 ダークテーマが有効にな
ります。

ダークテーマ
に切り替わる

Memo モバイル版はOSの設定を利用する

モバイル版のKeepにはダークテーマは
ありませんが、OSの設定をダークテーマ
(ダークモード)にすることで、Keepの
背景色も黒に変更できます。Androidで
は＜設定＞→＜ディスプレイ＞で、
iPhoneでは＜設定＞→＜画面表示と明る
さ＞でダークテーマをオンにできます。

← ディスプレイ

明るさのレベル
75%

ダークテーマ
ON / 自動で OFF にしない

夜間モード
OFF / 自動で ON にしない

明るさの自動調節
ON

第 7 章

Google Keepを
活用しよう

071

Googleアシスタントで メモを作成しよう

iPhone版　Android版　PC版

Android版のKeepは、スマートフォンに一切手を触れずGoogleアシスタントを利用してメモを保存できます。また最近作ったメモなら、アシスタントに表示してもらうことも可能です。

🖊 GoogleアシスタントとKeepを連携させる

(1) <ホーム>ボタンの長押し、または「OK、Google」と話しかけてGoogleアシスタントを起動し、「Googleアシスタントの設定」と言います。<設定>をタップします。

(3) メモとリストのプロバイダの<Google Keep>をタップします。

(2) <メモとリスト>をタップします。

(4) <続行>をタップします。

⑤ メモとリストのプロバイダが設定されました。画面左上のをタップして終了します。

設定された

Memo メモとリストのプロバイダとは

メモとリストのプロバイダとは、アシスタントを使って作成したメモやリストを保存するアプリのことです。Google Keepのほかに「Any.do」や「AnyList」といったノートアプリ、リストアプリと連携することができます。

✏️ Googleアシスタントでメモを作成する

① <ホーム>ボタンの長押し、または「OK、Google」と話しかけてGoogleアシスタントを起動します。

アシスタントが起動する

② メモしたい内容を話したあと（ここでは「明日は4時に送り迎え」）、最後に「とメモして」という言葉を加えます。話した内容がメモされます。<全てのメモ>をタップします。

❶ メモが保存される

❷ タップする

③ 今回作成したメモも含めて、最近作ったメモのリストが表示されます。メモをタップすると、内容が表示されます。

メモが作成された

タップすると、「リストとメモ」画面が表示され、作成したメモにアクセスできる。

119

Section

072 ウィジェットからメモを作成しよう

iPhone版 Android版 PC版

アシスタントを使うほかにもメモをすばやく作成する方法があります。ホーム画面の好きな位置にウィジェットを配置する方法です。シンプルな表示タイプとメモの一覧が表示されるタイプの2種類あります。

✏️ ウィジェットを追加する

① ホーム画面を長押しして、＜ウィジェット＞をタップします。

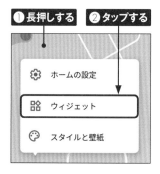

② Keep メモのウィジェットを探して（ここでは＜クイック キャプチャー＞）、長押しします。

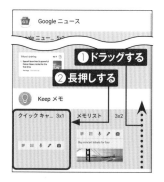

③ ホーム画面の好きな位置へドラッグして指を離します。

④ ウィジェットが配置されました。アイコンをタップしてメモを作成できます。

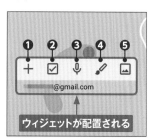

❶	新規メモ
❷	チェック付きメモ
❸	音声メモ
❹	手書きメモ
❺	写真メモ

Section

073

箇条書きや段落番号を 付けよう

iPhone 版　Android 版　PC 版

読みやすいメモを作るのに、箇条書きや段落番号を付けたいことがあります。 Keepでは、「-」や「1.」を付けることで、箇条書きや段落番号を付けることができます。便利なので覚えておきましょう。

📝 箇条書きにする

ここでは新規にメモを作成し、タイトルも入力した状態で解説しています。

① 「-」（ハイフン）を入力し、スペースを空けます。

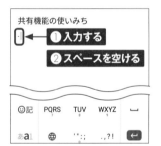

② 続けてメモを入力して、改行すると、箇条書きになります。

③ 箇条書きを終了するには何も入力せずに、改行します。

Memo 段落番号を付ける

「1.」のように数字＋「.」（ドット）を入力し、スペースを空けてメモを入力すると、段落に番号が付きます。段落の開始番号は好きな数字を指定できます。

第 7 章

Google Keepを活用しよう

074 Chromeの拡張機能を インストールしよう

iPhone版 Android版 PC版

chromeウェブストアで配布されているGoogle Keep Chrome 拡張機能を インストールしてみましょう。導入することでChromeブラウザで見ているペー ジや選択した部分をワンクリックでKeepに保存できるようになります。

拡張機能をインストールする

(1) Windows 10のChrome ブラウザで、https:// chrome.google.com/ webstore/にアクセスし て、<ストアを検索>を クリックします。

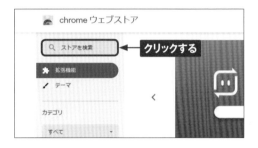

(2) 「keep」と入力して検 索します。<Google Keep Chrome 拡張機 能>をクリックします。

(3) <Chromeに追加>を クリックします。

④ <拡張機能を追加>を
クリックします。これで
ChromeにKeepが追加
されます。

クリックする

⑤ Chromeでインターネット
を閲覧している際に、
　をクリックすると、ア
イコンが色付きの　に
変わり、メモ作成の入
カウィンドウが表示され
ます。ウィンドウを消した
い場合は、再度　をク
リックします。

入力ウィンドウが表示された

Memo Keepのアイコンが表示されないときは

★ をクリックするとインス
トールしている拡張機能の
一覧が表示されます。<Go
ogle Keep Chrome 拡張
機能>の　をクリックすると
　に変わり、ツールバーに
　が表示されます。

075 Chromeからコンテンツや Webページを保存しよう

iPhone版 Android版 PC版

「Google Keep Chrome 拡張機能」（P.122参照）がインストールされていれば、Chromeブラウザで表示しているページのURLや内容を、Keepにメモすることができます。情報を集めるのにぴったりです。

✎ URLをメモする

1 Chromeブラウザを起動して、URLをメモしたいWebページを開き、Keepのアイコンをクリックします。

クリックする

2 表示しているWebページが保存されます。メモを追記することもできます。

保存される

Memo メモを削除する

間違えてメモを保存したときは、ごみ箱のアイコンをクリックするとその場でメモを削除できます。そのほか、右側のボタンからラベルを付けたり、Keepを開いたりといった操作も可能です。

メモを削除

クリックする　　ラベル　　keepを開く

📝 記事の一部をメモする

(1) 保存したい部分を選択した状態で、Keepのアイコンをクリック、または右クリックメニューから<Save selection to Keep>をクリックします。

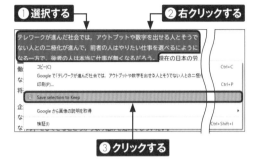

(2) 選択した部分が保存されます。

保存される

Memo URLを開くには

手順②で☑をクリックすると、keepが表示されます。メモに保存されたURLにカーソルを合わせると「リンクを開く」が表示されます。これをクリックするか、またはメモの最下段にあるスニペットをクリックすると、URLを開けます。

スニペット

大事なメモをピンで固定しよう

iPhone版 Android版 PC版

編集中のメモや、優先順位の高いメモは固定機能を使って固定させておきましょう。リストの一番上に常に表示され、アプリを開いたとき最初に目に入りやすくなります。固定の解除も簡単です。

✎ メモを固定する

① メモを開いて 📌 をタップします。

② ピンが 📌 から 📌 に変わり、メモが固定されます。← をタップして（iPhone版では く をタップ、パソコン版では＜ノート＞をクリック）一覧のリスト画面に戻ります。

❶色が付く
❷タップする

③ 「固定済み」（パソコン版では「固定」）に固定したメモが表示されます。

メモが固定された

Memo 固定を解除する

固定状態を解除するには手順②の画面で再度 📌 をタップするか、メモをアーカイブします。メモをアーカイブすると、固定状態も同時に解除されます。

Section
077
リスト表示とギャラリー表示を切り替えよう

iPhone版 Android版 PC版

メモを使いやすくするため、表示方法を切り替えてみましょう。Keepではリスト表示とギャラリー表示という2種類の表示方法を用意しています。またメモの順番を並べ替えることもできます。

表示モードを切り替える

1 メモの一覧から☰をタップします。

タップする

2 リスト表示に切り替わり、メモが一列で表示されます。

表示が切り替わる

Memo リスト表示とギャラリー表示

☰をタップするとリスト表示（一列表示）になり、⊞をタップするとギャラリー表示（複数列表示）になります。

Memo メモの順番を入れ替える

Keepにはメモのソート機能がありません。メモの順番を並べ替えたいときは、メモを長押ししたあと、ドラッグして直接移動します。好きな順番で並べ替えることができます。

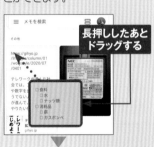

長押ししたあとドラッグする

順番が入れ替わった

第7章 Google Keepを活用しよう

127

Section

078

メモをアーカイブしよう

iPhone版 Android版 PC版

使い終わったメモは削除するのではなく、アーカイブします。モバイル版の
Keepでは、メモをスワイプするだけでアーカイブできます。非表示になった
メモは必要なとき、いつでも取り出せます。

メモをアーカイブする

① メモを開いた状態で右上にある🔽 をタップします。

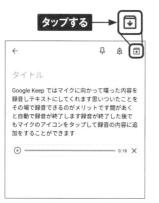

タップする

② メモがアーカイブされます。

非表示になった

メモをアーカイブしました　　元に戻す

Memo アーカイブしたメモを表示する

アーカイブしたメモは、「アーカイブ」に移動します。「アーカイブ」は、画面左上の≡をタップして、表示されるメニューで<アーカイブ>をタップすると開きます。

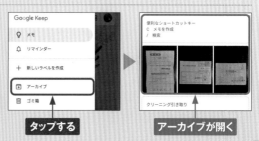

タップする

アーカイブが開く

Section

079

不要なメモを削除しよう

iPhone版 Android版 PC版

アーカイブ機能は便利ですが、不要なメモは削除してしまったほうがすっきりします。Keepでは削除したメモを7日後に完全に削除しますが、それ以前であればいつでもメモを復元できます。

メモを削除する

(1) メモを開いた状態で、右下にある⋮をタップして、メニューから<削除>をタップします。

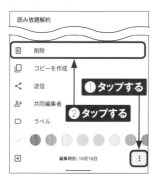

(2) メモが削除されました。

Memo メモを復元する

削除したメモは「ゴミ箱」に移動します。「ゴミ箱」は、画面左上の☰をタップして、メニューから<ゴミ箱>をタップすると開きます。復元したいメモを開いて、⋮をタップし、<復元>をタップします。<完全に削除>で復元できないように削除することも可能です。

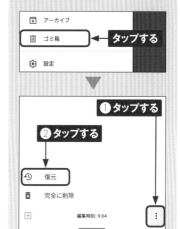

Section 080

ラベルを付けて整理しよう

iPhone版 Android版 PC版

Keepではメモにラベルを付けて整理します。同じラベルの付いたメモは、ワンタップでまとめて取り出すことができ、関連のあるメモ同士を1か所に集められます。1つのメモに複数のラベルを付けることもできます。

✏️ ラベルを付ける

① ラベルを付けたいメモを開いて、右下の ⋮ をタップします。

② <ラベル>をタップします。

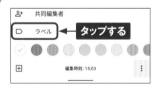

③ ラベル名を入力し、<「アイデア」を作成>をタップします。

④ ← (iPhoneでは<) をタップします。

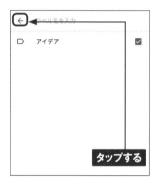

⑤ ラベルが作成されます。

Memo 2回目からはチェックする

手順①、②でラベルを適用する場合、すで
に作成しているラベルも表示されます。そ
の際は、チェックボックスにチェックを入れる
だけでラベルを付けられます。また1つのメ
モに複数のラベルを付けることも可能です。

ラベルの付いたメモを取り出す

① メモ一覧の画面で≡をタップしま
す。

② ラベルをタップします。

③ 同じラベルの付いたメモが表示さ
れます。

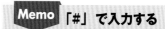

Memo 「#」で入力する

すでに作成したラベルを付けると
き、≡をタップしなくても、メモ
の作成画面で半角の「#」を入
力するだけでリストが表示され、
ラベルを付けることができます。

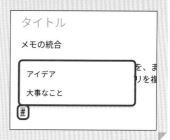

第7章 Google Keepを活用しよう

Section
081

ラベルを編集しよう

iPhone版 Android版 PC版

> ラベル名をあとから変えたいというのは、よくあることです。ラベルが増えて、もっとよい名前を思い付いたら、編集してみましょう。不要になったラベルは削除することもできます。

✏️ ラベルを編集する

1 メモの一覧画面の☰をタップして、メニューからラベル一覧に表示されている<編集>（iPhone版、パソコン版では<ラベルの編集>）をタップします。

2 ラベルの一覧が表示されるので、編集したいラベル名の右にある✏️をタップします（ここでは<大事なこと>）。

3 名前を編集します。✓（パソコン版では<完了>）をタップして編集を完了します。

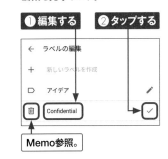

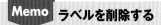

Memo参照。

Memo ラベルを削除する

手順③で🗑をタップすると、ラベルを削除できます（メモは削除されません）。

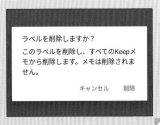

メモの背景に色を付けよう

iPhone版 Android版 PC版

Keepではラベルを付けるほかに、見た目でメモを区別できます。メモの背景を好みの色に変更することで、特定のメモを目立たせたり、関連のあるメモをまとめたりすることができます。

背景に色を付ける

1 メモを開いて、右下の⋮をタップします。

タップする

Memo パソコン版の操作

パソコン版では🎨をタップして色を変更できます。

2 好みの色(ここでは⬤)を選んでタップします。

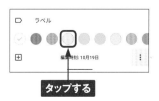

タップする

3 背景の色が変わります。

色が変わった

Memo メモの一覧から色を変える

メモの一覧画面でメモを長押しすると、選択状態になります(パソコンでは1つずつ◯をクリックしてメモを選択します。次ページ参照)。この状態で画面上部の🎨をタップすると色を変更できます。

② タップする
① 長押しする

133

Section
083
複数のメモを まとめて操作しよう

iPhone版 Android版 PC版

メモを固定したり、アーカイブしたり、ラベルを付けたり、背景の色を変更したりする操作を、複数のメモに対して同時に行いたいときがあります。このようなときは、メモを選択状態にするとまとめて操作できます。

📝 複数のメモを選択する

(1) メモ一覧の画面で、メモを長押しすると、黒い線で囲まれて選択状態になります。続けて、別のメモを長押しすると、そのメモも選択されます。

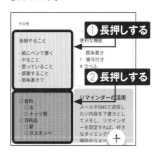

(2) 選択した複数のメモに対して行いたい操作を選びます。ここでは、📌をタップしてメモを固定します。

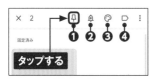

❶ ピン	固定する
❷ ベル	リマインダーを追加
❸ パレット	色を付ける
❹ 付箋	ラベルを付ける

(3) メモをまとめて操作できました。

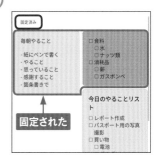

Memo パソコン版の 複数選択

パソコン版では、メモの左上に表示される✅をクリックすることで、メモを複数選択できます。

Section

084 メモを検索しよう

iPhone版 Android版 PC版

メモを探すときは、検索機能を使います。Keepでは、キーワードを入力して全文検索できるほか、メモの種類やラベル、背景の色などを指定して、必要なメモをさっと取り出すことができます。

メモを検索する

① メモの一覧画面で、＜メモを検索＞（パソコン版では＜検索＞）をタップします。

タップする

② キーワード（ここでは「keep」）を入力します。

入力する

③ 候補が表示されるので、目的のメモをタップして開きます。

候補が表示される

Memo メモの種類で検索する

リマインダーやリスト、画像付きのメモなどを探したいときは、手順②の画面でメモの種類を指定できます。ここではラベルやメモの内容に合わせた項目（自動で追加されます）、色などを指定してメモを検索できます。

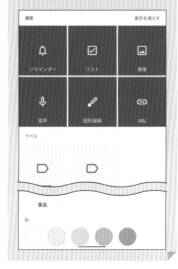

135

Section
085 画像からテキストを抽出しよう

iPhone版 Android版 PC版

Keepの抽出機能を使うと、画像から文字を抜き出して、テキストに変換できます。メモ代わりに撮影した書類や本などをテキスト化して残すなど、使える場面は意外に多くあります。

画像からテキストを抽出する

① 画像付きメモを開きます。画像をタップして編集できる状態にし、右上の ⋮ をタップします。

タップする

② <画像のテキストを抽出>をタップします。

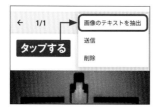

タップする

③ 抽出されたテキストがメモに保存されます。

テキストが抽出された

NEC
Aterm WG2600HS
製品型番 PA-WG2600HS
製造番号 2651975307656D1 12V - 1.5A
MACアドレス WAN F8:B7:97:33:
ネットワーク名(SSID) Web PW
プライマリSSID(2.4GHz) aterm-e70185-g
プライマリSSID(5GHz) aterm-e70185-a
2.4 DS/OF 4
製品に関するお問い合わせ(通話料有料)
または
NECプラットフォームズ株式会社
Made in China

Memo パソコン版の場合

パソコン版のKeepでは、⋮ をクリックして<画像のテキストを抽出>をクリックします。

Section

086 メモを送信しよう

iPhone版 Android版 PC版

伝言メモや買い物リストなどをほかの人に渡すときは、送信機能を使います。
送信先としてアプリを選ぶだけなので、Keepでメモした内容をSNSに投稿
するといったときにも便利です。

メモを送信する

① メモを開いて、右下の⋮をタップして、<送信>をタップします。
iPhone版では手順③に進みます。

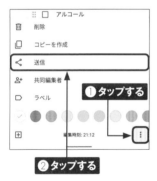

③ 送信に利用するアプリをタップします（ここでは<Gmail>）。

② <その他のアプリから送信>を
タップします。

④ 選択したアプリが、メモの内容を
表示したかたちで、起動します。
相手先に送信します。

137

Section

087

Google ドキュメントに コピーしよう

iPhone版 Android版 PC版

「送信」では、メモを文書作成ツールであるGoogle ドキュメントに送ること もできます。Keepには修飾機能がほとんどないので、メモを修正して見出 しなどを付けたいときは、Google ドキュメントに送ると便利です。

Google ドキュメントにコピーする

第
7
章

Google Keepを
活用しよう

(1) メモを開いて、右下の⋮をタップ して、<送信>をタップします。

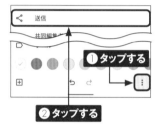

(2) <Google ドキュメントにコピー> をタップします。

(3) コピーが完了します。<開く>を タップします。

(4) Google ドキュメントが開いて、メ モが送信されているのを確認でき ます。

Memo パソコン版での操作

パソコンで操作するときは、⋮を クリックして<Googleドキュメン トにコピー>をクリックします。

Section

088

デスクトップアプリの ように使おう

iPhone版 Android版 PC版

パソコンのChromeブラウザでショートカットを作成すると、パソコンのデスクトップにショートカットを作成し、Keepを起動できます。オフラインには非対応ですが、単体のアプリ感覚で操作できます。

📝 ショートカットを作成する

1 Chromeブラウザで Keepにアクセスした状態で、︙→＜その他のツール＞→＜ショートカットを作成＞をクリックします。

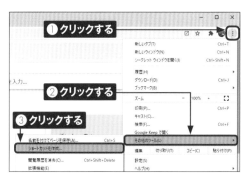

2 ＜ウィンドウとして開く＞をクリックしチェックを入れてから、＜作成＞をクリックします。

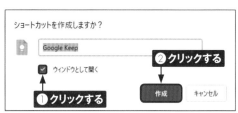

3 デスクトップにショートカットが作られます。以降はこのショートカットをダブルクリックすることでkeepを起動できます。

ショートカットが作られた

139

089

メモを見ながら
文書を作ろう

iPhone版 Android版 PC版

KeepはGoogleのアプリと相性が抜群です。「ドキュメント」や「Gmail」などで作業するときに、書きとめたメモをもとに文書やメールをスムーズに作成するための機能があります。

📝 サイドパネルからメモを参照する

(1) パソコンのChromeブラウザでGmailかドキュメント（ここでは<ドキュメント>）を開きます。右端のサイドパネルにある 💡 をクリックします。

クリックする

(2) Keepが表示されます。メモを見ながら作業できるようになりました。

Keepが表示された

Memo サイドパネルについて

デフォルトではChromeブラウザのサイドバーには、「Keep」と「カレンダー」、「ToDo リスト」のアイコンが表示されています。 ➕ をクリックすると、Googleのサービスと連携できるアドオンが表示されます。Keep以外にも利用したいサービスがあれば追加してみましょう。

Section 090

文書のリンクを メモに挿入しよう

iPhone版 Android版 PC版

パソコンでGoogleドキュメントやGoogle スプレッドシートなどを使っているときに、Keepでメモを作ることでファイルへのリンクを挿入できます。書類や資料を作成するときのメモツールとして活用しましょう。

✎ ファイルへのリンクを追加する

(1) ChromeブラウザでGoogle ドキュメントやGoogle スプレッドシートなどを開いて（ここでは<ドキュメント>）、サイドパネルの ◯ をクリックします。Keepが表示されたら、<メモを入力>をクリックします。

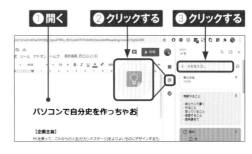

①開く ②クリックする ③クリックする

パソコンで自分史を作っちゃお

【企画主旨】
PCを使って、これからの人生（セカンドステージ）をよりよいものにデザインするた

(2) ファイルのリンクが追加されます。メモを入力します。<完了>をクリックすると、ファイルのリンクが付いたメモが作成されます。

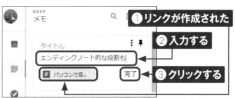

①リンクが作成された

②入力する
エンディングノート的な役割も

③クリックする
パソコンで自... 完了

Memo サイドパネルが表示されないときは

GmailやGoogleドキュメントなどを開いてもサイドパネルが表示されないときは、右下にある < をクリックしてください。サイドパネルの表示と非表示を切り替えることができます。

サイドパネルを表示

複数のアカウントを切り替えよう

iPhone版 Android版 PC版

Googleのアカウントを複数持っているなら、Keepの利用もアカウント別に切り替えることができます。複数のKeepを利用するのに、新しくアカウントを作るという選択肢もあります。

別のアカウントを追加する

(1) メモの一覧画面を開き、右上のアカウントのアイコンをタップします。パソコン版でも同様に右上のアイコンをクリックします。

(2) <別のアカウントを追加>をタップします。

(3) Googleアカウントのログインに必要なメールアドレスまたは電話番号を入力し、<次へ>をタップします。

(4) パスワードを入力し、<次へ>をタップします。

⑤ 利用規約やプライバシーポリシーの案内が表示されるので確認し、＜同意する＞をタップします。

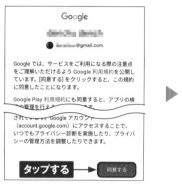

タップする

⑥ ログインが完了しメモを作成できる状態になります。

メモが
表示された

✏️ アカウントを切り替える

① 右上のアイコンをタップします。

タップする

② アカウントを選択する画面が表示されます。切り替えたいアカウントをタップします。

タップする

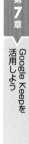

第 7 章 Google Keepを活用しよう

Memo アカウントを作成する

手順②＜別のアカウントを追加＞をタップしたあと、表示された画面の＜アカウントを作成＞をタップすると、Googleの新しいアカウントを作成できます。＜個人用＞をタップしたあと、画面の指示に従ってアカウントを作成してください。

タップする

Section 092 ショートカットキーで すばやく操作しよう

iPhone版 Android版 PC版

ChromeブラウザのKeepは、キーボードショートカットを利用することで、すばやく操作できるようになっています。マウスを使わなくてもメモの作成や閲覧、アーカイブなどが可能です。

キーボードショートカットを表示する

1 Chromeブラウザで Keepを開き、⚙をクリックして、<キーボードショートカット>をクリックします。

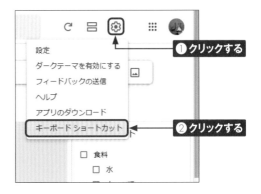

① クリックする

設定
ダークテーマを有効にする
フィードバックの送信
ヘルプ
アプリのダウンロード
キーボード ショートカット ← ② クリックする

□ 食料
　□ 水

2 キーボードショートカットが表示されます。参照して、便利と思えるキーボードショートカットは積極的に使ってください。

キーボード ショートカット	×
ナビゲーション	
次または前のメモに移動	J / K
メモを次の位置または前の位置に移動します	Shift + J / K
次/前のリスト アイテムに移動	N / P
リストアイテムを次の位置または前の位置に移動します	Shift + N / P
アプリケーション	
新しいメモを作成	C
新しいリストを作成	L
メモを検索	/
すべてのメモを選択	Control + A
キーボード ショートカットのヘルプを開く	?
アクション	

第 **8** 章

Apple標準メモをiPhoneと Windowsで使ってみよう

Section

093 メモを使えるようにしよう

iPhone版 Android版 PC版

iPhoneのメモは、iCloudを利用して複数の端末とメモを同期できます。最初にiCloudの設定を開いて、メモが利用できるようになっているか確認します。デスクトップでもメモを利用する場合、特に重要です。

✎ iCloudのメモをオンにする

① <設定>を開いて、<Apple ID>をタップします。

② <iCloud>をタップします。

③ 「メモ」のオプションをタップして有効にします。

Memo iCloudをオンにしない場合

iCloudの「メモ」をオンにしてなくてもメモアプリを使うことはできます。ただしメモはiPhoneに保存されるだけで、デスクトップなどほかの端末と同期することができません。

第8章 Apple標準メモをiPhoneとWindowsで使ってみよう

Section

094

メモを起動して
作成しよう

 iPhone版 Android版 PC版

メモアプリでメモを作成してみましょう。メモでは、タイトルと本文の区別がありません。1行目に書いた内容が、そのままタイトルになります。思い付いたことを気ままに書くことができます。

メモを起動・作成する

(1) <メモ>をタップして、メモを起動します。

タップする

(2) ☑をタップして、新規メモを作成します。

フォルダ
Q 検索
iCloud
タップする→☑

(3) メモを入力したら、画面左上にある<をタップします。

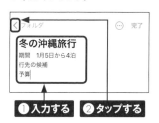
<フォルダ ⋯ 完了
冬の沖縄旅行
期間 1月5日から4泊
行先の候補
予算
❶入力する ❷タップする

(4) メモが保存されています。

<フォルダ ⋯
保存された
メモ
Q 検索
冬の沖縄旅行
10:35 期間 1月5日から4泊

第8章  Apple標準メモをiPhoneと
Windowsで使ってみよう

Memo タイトルは不要

メモでは1行目がタイトルになります。1行目の書式は「設定」アプリを起動して、<メモ>→<新規メモ開始スタイル>で変更できます。

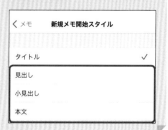
<メモ 新規メモ開始スタイル
タイトル ✓
見出し
小見出し
本文

チェックリストを作ろう

iPhone版 Android版 PC版

メモには、タスクを管理するためのリスト機能があります。やることリストや買い物リストなどを作成し、きちんと完了できるまで管理します。リストではインデントを設定したり、並べ替えたりできます。

📝 チェックリストを作る

(1) 前ページの手順①を参考に、新規メモを作成します。タイトルを入力したら、改行して➕をタップします。

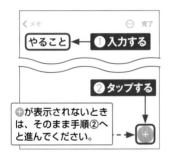

(3) リストを作成します。メモを入力して改行すると、自動的に円が追加されます。作成し終わったら<完了>をタップします。

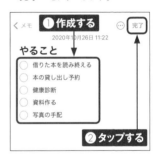

(2) ⊘をタップすると、白抜きの円が表示されます。

(4) リストが作成されました。

第8章 Apple標準メモをiPhoneとWindowsで使ってみよう

📝 インデントを設定してタスクをまとめる

① インデントを設定したいアイテムを右方向にスワイプします。

② インデントが設定され、関連のあるタスクをまとめることができました。

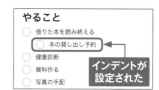

📝 タスクを完了させる

① 完了したタスクの円をタップします。

② チェックマークが付き、リストの最下段へ移動します。

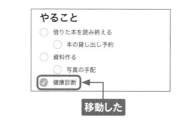

Memo リストを並べ替える

白抜きの円部分を上下にドラッグすると、リストの順番を入れ替えることができます。

Memo メモが移動しない場合

完了したタスクをチェックしても、アイテムが最下段へ移動しないときは、＜設定＞→＜メモ＞→＜チェックした項目を並べ替え＞と開いて、＜自動＞をタップします。

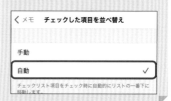

Section

096 写真メモを作成しよう

iPhone版 Android版 PC版

写真やビデオを貼り付けてメモを作ります。その場で撮影することや、iPhoneから読み込んで貼り付けることができます。また紙類などをカメラで取り込むスキャン機能を使えば、書類の電子化が簡単に実現します。

📝 写真を撮影する

① 新規メモを開き、📷をタップし、取り込み方法を選びます。ここでは＜写真またはビデオを撮る＞をタップします。

② カメラが起動するのでシャッターボタンをタップして撮影します。

③ プレビューを確認します。OKなら＜写真を使用＞をタップします。再撮影する場合は＜再撮影＞をタップします。

④ 写真が貼り付けられました。写真を追加するには手順①からの操作を行います。＜完了＞をタップして終了します。

第8章
Apple標準メモをiPhoneとWindowsで使ってみよう

150

📝 書類をスキャンする

① 前ページの手順①を参考に、<書類をスキャン>をタップします。

② カメラを書類にかざすと、自動で撮影されます。うまくいかないときはシャッターボタンをタップして撮影します。

自動で撮影される

③ 書類をすべて撮影したら、右下の<保存>をタップします。

タップする

④ 四隅が切り抜かれ歪みが補正された状態で、書類が画像として保存されました。

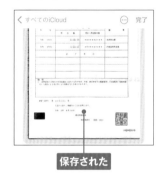

保存された

Memo スキャン内容を修正する

手順④で画像をタップすると、切り抜き部分や色、角度などを修正することができます。自動補正がうまくいかなかったときは手動で修正します。また⊕をタップして書類を追加することも可能です。

❶	書類を追加
❷	切り抜き
❸	色：タップすると❹が表示される
❹	回転
❺	削除

第8章 Apple標準メモをiPhoneとWindowsで使ってみよう

❶ ❷ ❸ ❹ ❺

151

Section

097 手書きメモを作ろう

iPhone版 Android版 PC版

ちょっとしたメモや図を作成したいときは、ペンツールを使うと便利です。画面に直接タッチしてメモを作成できます。またiOS 14以降であれば、きれいな図形も簡単に追加できます。

✏️ メモを手書きする

① 新規メモを作成し、Ⓐをタップします。

② 画面に直接手書きします。

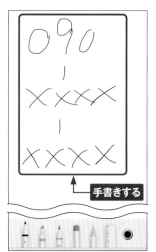

Memo ペンの太さや濃さ、色を変更する

選択しているペンをさらにタップすると、太さや濃さを変更できます。またペンの色を変えたいときは、右端にある●をタップします。好みの色は + をタップして保存できます。

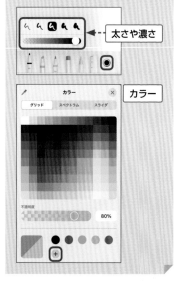

太さや濃さ

カラー

✎ きれいな図形を追加する

1 図形を描きます。指を離さないま ま、数秒待ちます。

① 図形を書く **② 数秒待つ**

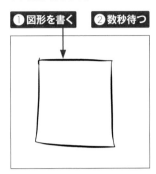

2 直線の図形が現れるので指を離 します。

① 図形が現れる

② 指を離す

3 きれいな図形に修正されます。

きれいな図形が書けた

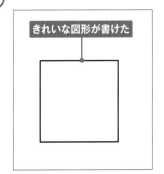

Memo 色々な図形を 試してみよう

四角や丸といった形だけでなく、 ハートや星、矢印などを描くこと もできます。また縦横斜めに線 を引けば、定規なしでもまっすぐ な直線を引くことが可能です。

Memo 消しゴムを活用する

消しゴムを選択した状態で、さら にタップすると、「ピクセル消し ゴム」と「オブジェクト消しゴム」 の2種類から消し方を選べます。 後者は線画単位で消すことので きる消しゴムです。図形などを さっと消すのに向いています。

タップする

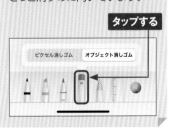

098

写真に手書きしよう

iPhone版 Android版 PC版

写真に説明を加えたいときに、ほかのアプリを起動する必要はありません。
メモのペンツールなら、貼り付けた写真の上にペンで書くことができます。
書いた内容をそのまま送信することも可能です。

✎ 写真に手書きする

(1) 写真付きのメモを開いて、写真を
タップします。

(2) Ⓐをタップします。

(3) 写真の上にペンで書くことができ
ます。書き終わったら<完了>を
タップします。

Memo 手書きした内容を出力

共有機能を使うと、ペンで書い
た内容を保存してメールで送信し
たり、ほかのアプリで読み込んだ
りできます。詳しい手順はP.188
で説明しています。

Section

099

Windowsで メモを見よう

iPhone版 Android版 PC版

メモには、Windows用のデスクトップアプリが用意されていません。スマートフォンで作成したメモをWindowsでも利用したいときは、ブラウザからiCloudへアクセスして、メモを開きます。

iCloudからメモを利用する

(1) ブラウザで「www.iclo ud.com/notes」にアクセスし、Apple IDとパスワードを入力します。<サインインしたままにする>にチェックを入れ、→をクリックしてサインインします。

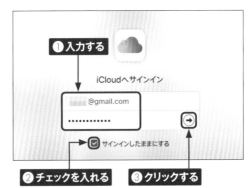

❶入力する

iCloudへサインイン

＿＿＿＿@gmail.com

・・・・・・・・・・・

→

☑ サインインしたままにする

❷チェックを入れる　　❸クリックする

(2) iPhoneの画面でサインインの要求について許可を求められます。<許可する>をタップします。

Apple ID サインインが要求されました

＿＿＿＿@gmail.com

ご利用の Apple ID が川崎市川崎区 神奈川県近辺でデバイスにサインインするために使用されています。

小平市　東京　船橋市
多摩市　町田市　千葉市
愛川町　神奈川県　横浜市　木更津市
茅ヶ崎市　藤沢市

許可しない　　許可する

タップする

(3) Apple ID確認コードが表示されます。このコードをパソコンに入力します。

Apple ID確認コード

サインインするには、この確認コードをデバイスに入力してください。

683 630

OK

表示される

155

④ パソコンにコードを入力します。

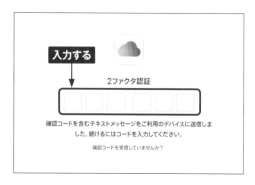

⑤ <信頼する>をクリックします。

⑥ iCloudのメモが起動し、スマートフォンと同じ内容のメモが表示されます。

メモが表示された

Memo iCloudと同期できるメモ

iCloudで同期されるのは「iCloud」フォルダに作ったメモだけです。Gmailアカウント（P.180）やiPhoneアカウント（P.187）を追加している場合は、iCloudフォルダを開いてからメモを作成してください。

Section

100

Windowsで
メモを作成しよう

iPhone版 Android版 PC版

iCloudのメモでも、新しいメモを作成できます。スマートフォンとすぐに同期されるので、パソコンとスマートフォンの間で、テキストなどをすばやく送ることができます。

📝 新しいメモを作成する

① ✏をクリックします。

クリックする

② 新規メモが作成されるので、メモを入力します。入力した内容はクラウド（iCloud）に自動で保存されます。

入力する　メモが作成される

Memo メモの並び順について

メモでは編集中のメモが常にリストの一番上に表示されます。メモを新しく作成すると画面の一番上に追加されますが、別のメモを編集すれば、今度はそのメモが最上段へ移動する仕組みになっています。

Section
101
Windowsで
チェックリストを作ろう

iPhone版 | Android版 | PC版

やることや揃えるものなどはリストにしておくと、忘れにくくなります。完了した
タスクにはチェックを入れて、未完了のタスクに集中しやすい環境を作りましょ
う。キー操作でインデントも設定できます。

✏️ チェックリストを作成する

① メモを作成し、チェックリ
ストを作成したい箇所で
改行します（ここでは
「準備」を入力後に改
行）。⊘をクリックしま
す。

② 白抜きの円が行の先頭
に付きます。項目を入力
したら改行してリストを追
加していきます。完了し
たタスクはクリックして
チェックを入れることがで
きます。

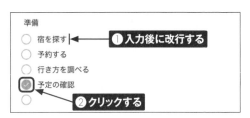

Memo インデントを設定する

行の先頭（白抜きの円のあ
と）で Tab キーを押すとイ
ンデントが設定され、関連
のあるタスクをまとめること
ができます。インデントの
解除は、同じ箇所で Shift +
Tab キーを押します。

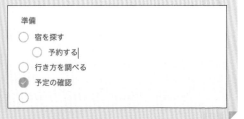

第 **9** 章

Apple標準メモを
活用しよう

Section

102

Siriに頼んでメモを作成しよう

iPhone版 Android版 PC版

思い付いたことをすぐメモしたいときは、Siriを利用してみましょう。iPhoneに話した内容がそのままメモになります。Hey Siriが有効になっていれば、iPhoneを操作せずにメモを作成できます。

📝 音声でメモを作成する

① ホーム／サイドボタンを長押しするか「Hey Siri」でSiriを呼び出して、メモしてほしい内容を話します（最後に「とメモして」と付け加えます）。

音声で入力

② Siriがメモが作成してくれます。

メモが作成される

健康診断の予約をする

Memo Hey Siriを有効にする

「Hey Siri」と呼びかけてもSiriが起動しないときは、「設定」アプリの<Siriと検索>を開いて、<"Hey Siri"を聞き取る>のスイッチをオンにします。

く 設定	Siriと検索
SIRIに頼む	
"Hey Siri"を聞き取る	⬤
サイドボタンを押してSiriを使用	◯

Memo デフォルトのアカウントを設定する

Googleアカウントを作成している場合、「設定」アプリの<メモ>→<デフォルトアカウント>で、メモの作成先を選んでおくことができます。

く メモ	デフォルトアカウント
iCloud	✓
Gmail	

Section

103

コントロールセンターから メモを書こう

iPhone版 Android版 PC版

ホーム画面でアイコンをタップするほかにも、メモを起動する方法はいくつか あります。コントロールセンターを使って、いつでもメモをさっと作れるように、 設定しておきましょう。

✏️ コントロールセンターからメモを作成する

第9章 Apple標準メモを活用しよう

① 「設定」アプリを起動して<コント ロールセンター>をタップします。

② 「メモ」の先頭にある➕をタップし ます。

③ 設定アプリを終了し、iPhone X 以降は画面右上から下方向、 iPhone SEやiPhone 8以前は 画面下部から上方向にスワイプし ます。コントロールセンターを表示 して、メモのアイコンをタップしま す。

④ 新しいメモを作成した状態でメモ が起動します。

Section 104
ホーム画面に メモを追加しよう

iPhone版 Android版 PC版

iOS 14以降では、ホーム画面の好きなところへアプリのウィジェットを配置できるようになりました。メモのウィジェットを利用することで、フォルダやメモを簡単に開けるようになります。

ウィジェットからメモを開く

(1) ホーム画面を長押ししてホーム画面を編集状態にします。画面左上にある ＋ をタップします。

(2) ウィジェットの一覧が表示されるので、画面をドラッグして＜メモ＞をタップします。

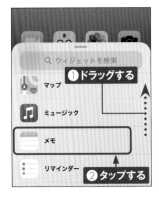

(3) ＜ウィジェットを追加＞をタップします。

(4) 好きな位置にドラッグしてウィジェットを配置します。＜完了＞をタップします。

(5) ウィジェットが追加されました。

追加された

(6) ウィジェットをタップするとメモが起動してフォルダ内のメモが開きます。

フォルダ内のメモが開く

Memo ウィジェットの種類

メモのウィジェットは4種類あります。前ページの手順③でメモを左にスワイプすることで選ぶことができます。好みのタイプを選んで配置してください。

✏️ ウィジェットを削除する

(1) ウィジェットを長押しするとメニューが表示されます。＜ウィジェットを削除＞をタップします。

②タップする
①長押しする

(2) ＜削除＞をタップします。

タップする

Memo ウィジェットを編集する

このページの手順①で＜ウィジェットを編集＞をタップすると、ウィジェットをタップしたときに開くフォルダを変更できます。

第9章 Apple標準メモを活用しよう

163

リマインダーと連携して
期限を設定しよう

iPhone版 Android版 PC版

締め切りなど期日のあるタスクは、リマインダーアプリに送って管理しましょう。指定した日時になると通知が届きます。メモの送り先には、標準のリマインダーアプリだけでなく、ほかのアプリも指定可能です。

✎ リマインダーへ送る

① メモを作成したら、右上にある⋯をタップします。

② <コピーを送信>をタップします。

③ 送信先のアプリを選びます。標準アプリの<リマインダー>をタップします。

④ <詳細>をタップします。

5 <日付>のスイッチをタップしてオンにし、リマインダーを受け取りたい日付を指定したら、<時刻>のスイッチをタップします。

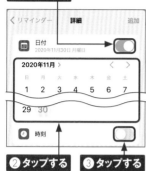

6 時刻をタップして時間を指定したら、<追加>をタップします。

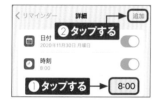

7 リマインダーに追加されました。⊗をタップしてアクションシートを閉じます。

8 <リマインダー>をタップして起動します。

9 メモのアイコンが付いた項目があることを確認します。

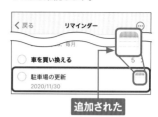

10 指定した日時になると通知が表示されます。

Memo 場所を指定する

特定の場所でリマインダーを表示したいときは、リマインダーアプリで設定します。登録されたリマインダーをタップして🛈をタップしたあと、場所のスイッチをオンにします。現在地や任意の場所（カスタム）で通知を表示できます。車とペアリングしていれば乗車時、降車時も指定可能です。

Section

106 箇条書きや見出しを作って見やすくしよう

iPhone版 Android版 PC版

メモが長くなったときは、タイトルや見出しを設定し見やすく整形してみましょう。太字や斜体など簡単な修飾機能もあります。箇条書きリストや番号付きリストは、メモを簡潔にまとめるのにぴったりです。

第9章 Apple標準メモを活用しよう

書式を設定する

1 見出しを設定する行にカーソルをあらかじめ置いておき、<Aa>を長押しします。

[主旨]メモを利用して、できるビジネスマンになりたい

紙ではなくデジタルのメリットがある
どんなとき、何をメモするか、事例から学ぶ

事例 ← **①カーソルを置く**

一時メモを書く（外部記憶）

書類や免許証やマイナンバーなどを取り込んで持ち

⊞ Aa ⊘ 📷 Ⓐ ✕

②長押しする

2 表示されたメニューから設定したい書式（ここでは<小見出し>）をタップします。

く すべてのiCloud

タップする

[主旨] タイトル ジ
ネスマ

見出し

紙では 小見出し
どんな ぶ

事例 本文

等幅

一時メモ ‐ ダッシュ付きリスト
すぐメモ

日記を 1.番号付きリスト
読んだ

書類や ・箇条書きリスト

3 書式が設定されました。

[主旨]メモを利用して、できるビジネスマンになりたい

紙ではなくデジタルのメリットがある
どんなとき、何をメモするか、事例から学ぶ

事例 ← **設定された**

一時メモを書く（外部記憶）
すぐメモを書く
日記を書く

Memo 太字や斜体を設定する

手順①で<Aa>ボタンをタップすると、太字や斜体などの修飾機能やインデントの設定が行えます。なお修飾するときは、効果を適用したい部分を選択状態にしておきます。

タイトル 見出し 小見出し 本文

B I U S

☰ ☲ ☷ ☴ ☴

📝 パソコン版で見出しを設定する

(1) 見出しを設定する行にカーソルをあらかじめ置いておき（ここでは先頭行）、＜Aa＞をクリックします。メニューから書式（ここでは＜タイトル＞）を設定します。

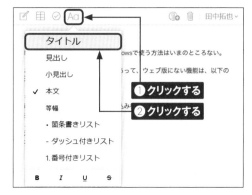

(2) 先頭行の文字書式が変わり、タイトルとして設定されました。

Memo リストを設定する

前ページの手順②やこのページの手順①で＜箇条書きリスト＞＜ダッシュ付きリスト＞＜番号付きリスト＞を選ぶと、リストを作成できます。あらかじめテキストを選択してから設定すると、複数行をまとめて変換できます。

●箇条書きリスト

使いやすいメモアプリとは
- すぐ書ける
- すぐ捨てられる
- すぐ取り出せる
- どこでも見られる

●ダッシュ付きリスト

使いやすいメモアプリとは
- すぐ書ける
- すぐ捨てられる
- すぐ取り出せる
- どこでも見られる

●番号付きリスト

使いやすいメモアプリとは
1. すぐ書ける
2. すぐ捨てられる
3. すぐ取り出せる
4. どこでも見られる

Section

107 表を追加しよう

iPhone版 Android版 PC版

メモの中には簡単な表を挿入できます。ちょっとした表であれば、数分で完成できるでしょう。列や行を好きなところに追加（削除）できるので、あとからの修正もすばやく行えます。

表を作成する

(1) 表を挿入したいところへカーソルを置き、⊞をタップします。

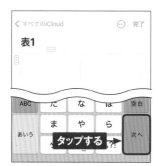

(2) 表が挿入され、セルに文字を入力できるようになりました。＜次へ＞をタップします。

(3) カーソルが隣のセルに移動します。入力して＜次へ＞をタップします。

(4) カーソルが下のセルに移動します。繰り返して表を作成していきます。

Memo ＜次へ＞ボタンの挙動

<次へ>をタップすると、
右隣にセルがあるときは
隣に、ないときは下の行
の左端に移動します。右
下のセルで<次へ>を
タップしたときは、新しい
行が追加されて、そこへ
移動します。

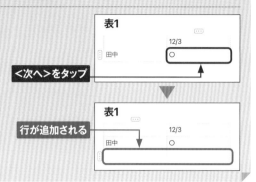

🖊 パソコン版で表を作成する

1 表を挿入したいところへ
カーソルを置き、田をク
リックします。

2 表が挿入されるので、
文字を入力していきま
す。

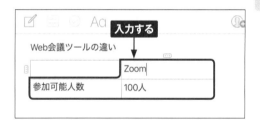

Memo 列や行を追加／削除する

セルの端にある⚬⚬や┊をタップすると（こ
こでは列を設定する⚬⚬をタップ）、列や行
を追加したり削除したりできます。パソコ
ン版では、⚬⚬や┊をクリックしたあとに、
右上にカーソルを置くと表示される▽をク
リックして、メニューを表示します。

169

Section

108 メモを検索しよう

iPhone版 Android版 PC版

メモの一覧からメモを探すのに時間がかかりそうなときは、検索を使ってメモを取り出します。メモアプリでは、キーワードからの全文検索のほか、メモの種類を指定して条件に合うメモを絞り込めます。

✍ メモを検索する

1 メモを一覧表示した状態で、<検索>をタップします。

2 キーワードが検索できる状態になります。

3 検索ボックスにキーワードを入力すると、候補が表示されます。候補をタップするとメモを開くことができます。

Memo トップヒットとは

手順③の検索結果には「トップヒット」が表示されます。これはiOS 14から追加された機能で、検索内容に一番関連の高いものが自動で表示されます。

✐ パソコン版でメモを検索する

(1) <すべてのメモを検索>
をクリックします。

(2) キーワードを入力するたびに候補が絞り込まれます。

(3) キーワードの入力を完了し、リストをクリックすれば目的のメモを表示できます。

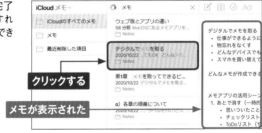

Memo メモの種類を指定する

前ページの手順②の画面で「候補」からメモの種類を指定して検索できます。たとえば<チェックリスト付きメモ>をタップすれば、チェックリストの付いているメモを簡単に取り出せます。

171

Section

109

背景を罫線にして手書きしよう

iPhone 版　Android 版　PC 版

メモには6種類の罫線と方眼を用意しています。メモを手書きするとき、この罫線や方眼を表示すると使いやすいガイドになります。線を引くときも、バランスよく配置できるのでおすすめです。

🖉 罫線と方眼を表示する

① 新規メモを開き、画面右上にある⋯をタップし、<罫線と方眼>をタップします。

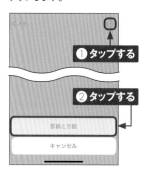

② 背景に表示する罫線と方眼を選びます。

③ タップした罫線(方眼)が表示されます。Ⓐをタップします。

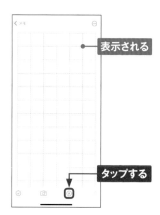

④ 罫線や方眼を目安に、位置を確認しながら手書きできます。

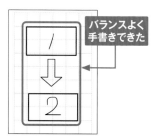

Section

110

大事なメモを
ピンで固定しよう

iPhone版 Android版 PC版

よく見るメモを、多くのメモに埋もれさせないようにするには、ピンで固定を使います。リストの中でもっとも目立つところへ移動できます。固定したメモはまとめて折りたたむこともできます。

📝 ピンで固定する

1 メモのフォルダで固定したいメモを右方向にスワイプします。オレンジ色のピンのアイコンをタップします。

2 「ピンで固定」セクションにメモが表示されます。

Memo 固定したアイテムを折りたたむ

「ピンで固定」セクションの端にある∨をタップすれば、同セクションを折りたたむことができます。必要なときだけ表示する使い方に便利です。

Memo ピン固定を解除する

固定されたメモを右方向にスワイプして、ピン固定を解除するアイコンをタップすれば、ピン固定が解除されます。

Section

111 メモの表示方法を変更しよう

iPhone版 Android版 PC版

メモは、リスト表示とギャラリー表示という2つの表示方法を使い分けることができます。また初期状態では、編集したメモがリストの一番に表示されますが、この順番を変更することも可能です。

✏ ギャラリー表示に切り替える

(1) メモの一覧画面で右上にある⋯をタップします。

(2) <ギャラリー表示>をタップします。

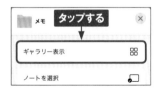

(3) 表示が切り替わりました。

Memo ギャラリー表示でメモを操作する

任意のメモをタップしたまま軽く押し込むと、メニューが表示されます。ギャラリー表示の際にピンで固定や削除操作などを行いたいときは、このメニューを利用します。

📝 メモの表示順序を変更する

1 ギャラリー表示のメモの一覧画面で、右上にある⋯をタップします。

2 <メモの表示順序>をタップします。

3 並び順のルールを選択します。

4 メモの表示順序が切り替わりました。

表示順が変わった

Memo 添付ファイルを表示する

このページの手順②の画面にある<添付ファイルを表示>をタップすると、写真やスキャンした書類付きのメモだけをカテゴリーで分けて表示できます。

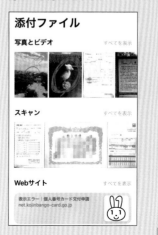

Section

112

不要なメモを削除しよう

iPhone版 Android版 PC版

期日の過ぎたメモや役目を終えたメモはスワイプして削除します。編集中にメモをゴミ箱へ捨てることもできます。メモだけでなく、フォルダを削除するときも同じ方法で操作します。

メモを削除する

ここでは、リスト表示の状態で解説しています。ギャラリー表示になっている場合は、P.174を参考に⋯→＜リスト表示＞とタップして、リスト表示にしてください。

(1) メモの一覧画面で不要になったメモを左方向へスワイプし、ゴミ箱のアイコンをタップします。

(2) メモが削除されます。

Memo フォルダを削除する

自分で作成したフォルダ（P.178参照）も手順①の方法で削除できます。ただしこの場合、フォルダの中にあるメモもすべて削除されるので注意してください。

Memo パソコン版でメモを削除する

削除したいメモを開いた状態で🗑をクリックすればメモを削除できます。

Section 113

削除したメモを
復元しよう

iPhone版 Android版 PC版

削除したメモは、すぐになくなるわけではありません。「最近削除した項目」へと送られて、30日以内であればいつでも復元することができます。反対に30日経つ前に完全に削除することも可能です。

✎ メモを復元する

① フォルダ画面を表示して、＜最近削除した項目＞をタップします。

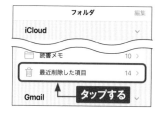

② ＜編集＞をタップします。

③ 復元するメモをタップして選択し、＜移動＞をタップします。＜削除＞をタップすると完全に削除できます。

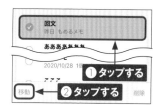

④ 保存先のフォルダをタップすると、そこにメモが復元されます。

Memo パソコン版で操作する

iCloud版のメモで復元するには、＜最近削除した項目＞フォルダでメモを選択し、＜復元＞をクリックします。

Section 114 フォルダを作って整理しよう

iPhone版 Android版 PC版

使い終わったメモや、たまにしか見ないメモを削除せずに保存しておきたいときは、フォルダを作成して整理します。仕事用やプライベートなど用途別に、振り分けるといった使い方もできます。

フォルダを作成する

1 メモの一覧画面から<フォルダ>をタップします。

2 フォルダリストへ戻ります。左下にある⬚をタップします。

3 名前を入力し(ここでは「アーカイブ」と入力)<保存>をタップします。

4 フォルダが作成されました。

P.187の方法でiPhoneアカウントを有効にしている場合、前ページの手順②で（フォルダ作成アイコン）をタップするとアカウントを選ぶ画面が表示されます。フォルダを作成するアカウントを選んでから手順③へ進んでください。

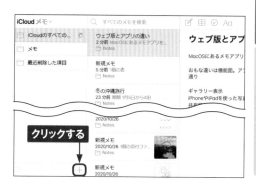

🖉 パソコン版でフォルダを作成する

① 画面左下にある＋をクリックします。

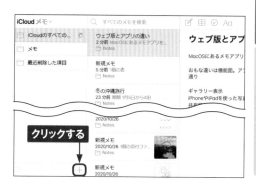

クリックする

② フォルダが作られます。好きな名前を入力し確定します。

iCloud メモ～	🔍 すべてのメモを検索	✏️
📁 iCloudのすべてのメモ		
📁 メモ		
📁 読書メモ	← **フォルダが作られた**	
📁 最近削除した項目		

作成したフォルダにメモを移動したいときは、ドラッグ&ドロップします。iCloud版のメモでは複数のメモを操作できないので、1つずつドラッグします。

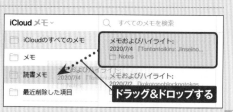

ドラッグ&ドロップする

Section

115

Gmailでメモを見よう

iPhone版 Android版 PC版

Gmailでもメモを見ることができます。iPhoneにGmailアカウントが登録されていれば、すぐにでもGmailとメモを同期できます。この方法を使うと、パソコンからメモを見る際、iCloudにサインインせずに済みます。

Gmailでメモを同期する

あらかじめGmailアカウントを登録している必要があります。

1. 「設定」アプリを開いて<メモ>をタップします。

2. <アカウント>をタップします。

3. <Gmail>をタップします。Googleアカウントを登録していない場合は<アカウントを追加>をタップして登録を行います。

4. <メモ>をタップしてスイッチをオンにします。

✎ Gmail上にメモを作成する

(1) メモを開くと、「Gmail」というフォ
ルダが作成されているのでタップ
して開きます。

(2) 新しいメモを作成し、<メモ>また
は<完了>をタップします。

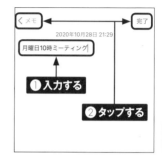

✎ パソコン版のGmailでメモを確認する

(1) デスクトップのブラウザ
でGmailを開きます。
<Notes>というフォル
ダをクリックすると、メモ
が表示されます。メモを
クリックします。

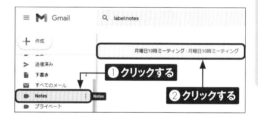

(2) メモの内容が表示されま
す。

Memo iPhone版のGmailでメモを確認する

iPhone版のGmailでメモを確認する場合は、Gmailを開いて、≡→<Notes>
をタップしてもメモを表示できます。

Section

116

メモをパスワードで ロックしよう

iPhone版 Android版 PC版

メモはパスワードで保護することができます。ロックをかけたメモは非表示になり、パスワードを入力するか、またはFace IDやTouch IDで認証するまで表示できません。ただし、パスワードは忘れないようにしてください。

📝 メモにロックをかける

① ロックをかけたいメモを表示した状態で、画面右上にある⊙をタップします。

② <ロック>をタップします。

③ パスワードとヒントを入力し、<完了>をタップします。

④ 手順③の画面で<Face IDを使用>をタップして有効にすると、解除時にパスワード入力の必要がなくなります。

次ページの手順③参照

⑤ 鍵のアイコンが表示されてパスワードで保護されます。<メモ>をタップして一覧画面に戻ります。

⑥ ロックされました。

ロックを解除してメモを表示する

(1) 鍵の表示されたアイテムをタップします。

タップする

(2) <メモを表示>をタップします。

タップする

(3) Face IDやTouch IDで認証するかパスワードを入力します。前ページの手順④でFace ID（またはTouch ID）を有効にしていると、パスワードによる認証は必要ありません。

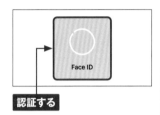

認証する

(4) メモの中身が表示されます。

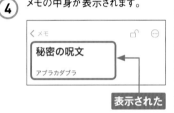

表示された

ロックを削除する

(1) ロックを解除した状態で右上にある⋯をタップし、鍵が表示されているアイコンの<削除>をタップします。

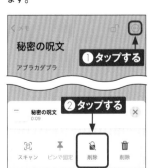

①タップする
②タップする

(2) ロックが削除され、パスワードなしで開けるようになります。

ロックが削除された

パスワードを変更しよう

`iPhone版` `Android版` `PC版`

すべてのメモのロックには同一のパスワードを使います。パスワードを忘れてしまうとメモが開けなくなるので、パスワードを変更する方法やリセットする方法を知っておきましょう。

パスワードを変更する

1 <設定>をタップして、「設定」アプリを起動します。

タップする

2 <メモ>をタップします。

タップする

3 <パスワード>をタップします。

タップする

4 <パスワードを変更>をタップします。

タップする

5 古いパスワードと新しいパスワード、ヒントを入力し、<完了>をタップします。

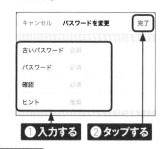

❶入力する ❷タップする

Memo リセットとアカウントについて

手順③でiPhoneアカウントをオン（P.187）にしていると、アカウント画面が表示されるので、選択して進みます。また、手順④で<パスワードをリセット>をタップすると、パスワードを削除できます。タップした先の画面でApple IDのパスワードを入力し、リセットします。ただし、すでにロックされているメモのパスワードはリセットできません。

Section

118

Webページを メモに保存しよう

iPhone版 Android版 PC版

iPhoneで見ているWebページを、メモに保存したいときは共有機能を使います。WebページのURLをサムネイル付きでメモに保存できます。また、コメントなどを加えることも可能です。

ブラウザからメモを保存する

第9章 Apple標準メモを活用しよう

(1) <Safari>をタップします。

タップする

(2) メモに保存したいWebページを開き、⬆️をタップします。

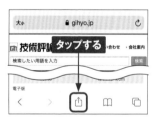

タップする

(3) ドラッグして、<メモ>をタップします。<メモ>が見当たらない場合は<その他>をタップして<メモ>をタップします。

①ドラッグする ②タップする

(4) <保存>をタップします。メモの内容をその場で書いたり、保存先を変更したりできます。

タップする

(5) メモを開いて保存された内容を確認します。

確認する

複数のメモを
まとめて操作しよう

iPhone版 Android版 PC版

フォルダを作ったらメモを移動してみましょう。メモでは、複数のアイテムを
選択しまとめて移動したり、削除したりできます。1つずつファイルを移動し
なくても、まとめて操作できて便利です。

✍ ファイルを選択して移動する

① メモの一覧画面で、右上にある
⋯をタップします。

② <メモを選択>をタップします。

③ 移動したいノートの先頭にある○
をタップして✓にし、<移動>を
タップします。

④ 移動先のフォルダをタップすると、
ノートを移動できます。

Section
120
iCloudと同期しないで iPhoneにメモを保存しよう

`iPhone版` `Android版` `PC版`

個人的な内容を記したメモを複数の端末で表示したくないことがあります。このようなときは、iPhoneのストレージにメモを保存できます。iCloudと同期せず、iPhone内にだけメモを保存します。

iPhoneアカウントを有効にする

1 前ページの手順①を参考に「設定」アプリを起動して、＜メモ＞をタップします。

2 ＜iPhoneアカウント＞の を タップして にします。

3 メモを起動します。フォルダ画面に「iPhone」アカウントが追加されています。

Memo iPhoneにメモを保存する

手順③の画面で「iPhone」アカウントの＜メモ＞をタップしてから、メモを作成します。「iPhone」アカウントに作成したメモは、iCloudと同期しません。

121 メモを送信しよう

iPhone版 Android版 PC版

作成したメモやリストをほかのユーザーに見てもらうには、送信機能を使います。メールやメッセンジャー、SNSなど好きなアプリに送信できます。フォーマットを崩したくないときはPDFも利用できます。

メモを送信する

(1) メモの画面で右上にある⋯をタップします。

(2) <コピーを送信>をタップします。

(3) 送信先のアプリをタップして選択します（ここでは<メール>）。

(4) メモが貼り付けられた状態で、メールアプリが起動します。宛先を入力し、↑をタップして送信します。

📝 メモをPDFに変換する

① 前ページの手順①〜②を参考に「コピーを送信」を開きます。＜プリント＞をタップします。

② 画面のプレビューを広げるように2本の指を離してピンチアウト（拡大）します。

③ 右上にある🔼をタップします。

④ 送信先のアプリを選びます（ここでは＜メール＞をタップします）。

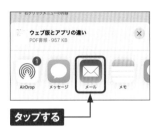

⑤ PDFに変換されて貼り付けられます。宛先を入力し、🔼をタップして送信します。

Memo PDFに変換する理由

送信先のアプリによっては、メモの書式がなくなることや、変更されて貼り付けられることがあります。書式を維持したいときにはPDFを選ぶと確実です。

索引

iPhone

お問い合わせについて

本書に関するご質問については、本書に記載されている内容に関するもののみとさせていただきます。本書の内容と関係のないご質問につきましては、一切お答えできませんので、あらかじめご了承ください。また、電話でのご質問は受け付けておりませんので、必ずFAXか書面にて下記までお送りください。
なお、ご質問の際には、必ず以下の項目を明記していただきますようお願いいたします。

1 お名前
2 返信先の住所または FAX 番号
3 書名
  （ゼロからはじめる OneNote & Google Keep & Apple 標準メモ
  デジタルメモ 基本＆便利技）
4 本書の該当ページ
5 ご使用のソフトウェアのバージョン
6 ご質問内容

なお、お送りいただいたご質問には、できる限り迅速にお答えできるよう努力いたしておりますが、場合によってはお答えするまでに時間がかかることがあります。また、回答の期日をご指定なさっても、ご希望にお応えできるとは限りません。あらかじめご了承くださいますよう、お願いいたします。ご質問の際に記載いただきました個人情報は、回答後速やかに破棄させていただきます。

■ お問い合わせの例

```
           FAX

1 お名前
  技術 太郎

2 返信先の住所または FAX 番号
  03-XXXX-XXXX

3 書名
  ゼロからはじめる
  OneNote&Google Keep&
  Apple 標準メモ デジタルメモ
  基本&便利技

4 本書の該当ページ
  40 ページ

5 ご使用のソフトウェアのバージョン
  Windows 10

6 ご質問内容
  手順3の画面が表示されない
```

お問い合わせ先

〒 162-0846
東京都新宿区市谷左内町 21-13
株式会社技術評論社　書籍編集部
「ゼロからはじめる OneNote&Google Keep&Apple 標準メモ デジタルメモ 基本 & 便利技」質問係
FAX 番号　03-3513-6167
URL：https://book.gihyo.jp/116/

ゼロからはじめる OneNote & Google Keep & Apple 標準メモ デジタルメモ 基本&便利技

2021 年 3 月 2 日　初版　第 1 刷発行

著者	田中拓也	編集	オンサイト
発行者	片岡 巌	担当	土井清志
発行所	株式会社 技術評論社	装丁	菊池 祐（ライラック）
	東京都新宿区市谷左内町 21-13	本文デザイン	リンクアップ
電話	03-3513-6150　販売促進部	DTP	オンサイト
	03-3513-6160　書籍編集部	製本／印刷	図書印刷株式会社

定価はカバーに表示してあります。

ISBN978-4-297-11872-3 C3055

Printed in Japan